W0177188

ullstein

Das Buch

Dunja Hayali ist seit vielen Jahren stolze Besitzerin der Golden-Retriever-Hündin Emma. In ihrem Buch erzählt die ZDF-Moderatorin aus dem Alltag eines Hundehalters – einem Alltag, der ganz besondere Fragen aufwirft: Wer ist schuld, wenn Jogger über eine meterlange Leine fallen? Warum lassen sich intelligente Menschen von Dackeln erziehen? Ist es normal, dass die Frisur des Hundes mehr kostet als die eigene? Wieso kann man einem Hund sein Herz ausschütten und fühlt sich danach viel besser? Immerhin: Wer sich einen Hund anschafft, bereichert sein Leben auf ungeahnte Weise. Zu den Neuerungen zählen nächtliche Parkbesuche, der Duft von Pansenkeksen in der Wohnung und Unmengen von Haaren überall. Mit wildfremden Menschen marschiert man durch Schnee- und Hagelstürme und bespricht die Verdauungsprobleme von Dogge, Spitz & Co. Man ist Teil einer sehr aktiven Parallelgesellschaft, in der intelligente Leute mit Babystimme auf Pudel einreden, zeckenabweisende Bernsteinketten kaufen, »Dog Dancing« für eine ernstzunehmende Sportart halten … und glücklich damit sind.

Auf sympathische Weise beschreibt Dunja Hayali die besonderen Merkmale der diversen Herrchen und Frauchen und ihrer vierbeinigen Partner – und zeigt, wie schön ein Leben mit Hund ist.

Die Autorin

Dunja Hayali, geboren 1974 in Datteln, ist Tochter irakischer Eltern. Sie studierte an der Deutschen Sporthochschule mit dem Schwerpunkt Medien- und Kommunikationswissenschaften und arbeitete nach dem Studium unter anderem als Sportmoderatorin beim Radio der *Deutschen Welle*. Im April 2007 übernahm Hayali die Moderation der *ZDF-heute-Nachrichten* sowie die Ko-Moderation des *heute-journals*. Seit Oktober 2007 moderiert sie außerdem das *ZDF-Morgenmagazin*.

Dunja Hayali
mit Elena Senft

IS' WAS, DOG?

Mein Leben mit
Hund und Haaren

Ullstein

Besuchen Sie uns im Internet:
www.ullstein-taschenbuch.de

Abbildungen:
© Hans Scherhaufer: S. 228, Nachsatz
© privat: S. 65, 90, 125, 159, 209, Vorsatz
© Privatarchiv Dunja Hayali: S. 252

Ungekürzte Ausgabe im Ullstein Taschenbuch
1. Auflage Juli 2015
© Ullstein Buchverlage GmbH, Berlin 2014 / Ullstein extra
Umschlaggestaltung: ZERO Werbeagentur, München
Titelabbildung: © Hans Scherhaufer
Satz: Pinkuin Satz und Datentechnik, Berlin
Gesetzt aus der Caslon
Druck und Bindearbeiten: CPI books GmbH, Leck
Printed in Germany
ISBN 978-3-548-37592-2

Für Emma, Rudi und
den Rest der Familien-Bande.
Danke!

Inhalt

Vorwort:
    Ein Hund und sein Frauchen – Emma und ich   11

»Wollen Sie das wirklich?« Der lange Weg zum Hund

Warum ein Hund, wenn mit einem
    Zierfisch alles viel einfacher wäre?   17
Die Rechtfertigungsorgie   21
Das typische Herrchen – oder:
    Wer schafft sich eigentlich einen Hund an?   30
Was für einer soll es denn nun sein?   43
Assessmentcenter beim Rassezüchter und
    Tierheimbesuche – und wie ich Emma doch
    noch bekam   58

Hilfe, ich habe einen Hund!

»Luna« hui, »Wolfgang« pfui? Der passende Name   66
Allgemeingut Welpe – oder: »Darf ich mal anfassen?«   72
Plötzlich neue Freunde: der Hund
    als Kontaktmagnet   76
Heulen, Jaulen, Schuhekauen: die ersten Tage
    im neuen Heim   78
Wie lange es dauert, bis man seinen
    Lieblingssessel aufgibt   88

Wie Hundehalter ticken

»Du siehst aber interessant aus …«
   Der Konkurrenzkampf um den besten Hund   91
»Ist mein Hund nicht niedlich?«
   Der Jahrmarkt der Eitelkeiten   94
Der eigene Hund, die Ausnahme von allem …   98
Die Hundewiese – ein ausgewiesener Expertenzirkel   106
»Er hat heute schon dreimal groß gemacht.«
   Die Intimität der Hundewiese   120
»Bello hat's in Tirol besser gefallen als in der Toskana.«
   Was Herrchen ins Tier hineinpsychologisieren   122

»Und alles ist Dressur …«
Wer erzieht hier eigentlich wen?

»Hiiiiierheeer!« Kommt der Hund, wenn ich ihn rufe?   126
Darf der Hund ins Bett?   128
Die Leinenfrage: Mit oder ohne?   134
Dimensionen der Sturheit: Wenn der Hund
   etwas will – oder auch nicht   140
Hundemanipulation – Fiffis perfides System,
   sich am Ende immer durchzusetzen   145
Streber oder Rabauke? Die Hundeschule   150
Wenn der perfekte Hund nicht mitspielt   154

Alltag mit Hund

Die Schlafstätte: paradiesische Zustände –
   für den Hund   160
Wie im Kindergarten: die Spielzeugkiste   168
Erfinden Sie Ihre Hobbys neu   170
Hunde und ihre Tierkollegen   172

Hygiene ist Ansichtssache: Loten Sie Ihre
    Grenzen völlig neu aus   180
Überleben zwischen Nicht-Hundebesitzern   202
Herrchen sind Lügner –
    Vom Schönreden der Hundemacken   205

Gesunde Hunde – Von Medizin und Tierarztbesuchen

Wenn das Wohlbefinden des Hundes über alles geht –
    notfalls über das eigene   210
Der Tierarztbesuch   214
Die ersten Zipperlein   220
Grünlippmuschelextrakt und Knoblauchgranulat:
    die Zusatzapotheke in der Küche   223
Man hat nicht nur *ein* Haustier … Von Zecken,
    Flöhen und Herbstgrasmilben   226

Der Hund als Partner

Wenn man plötzlich ein Team ist   229
Konversation mit dem Hund: Normalität oder
    schleichender Wahnsinn?   234
Man kennt sich halt … Die ganz eigene
    Kommunikation zwischen Herr und Hund   237
Erholung vs. Trennungsschmerz: Urlaub ohne Hund   239
Der Hund als Beziehungskiller – oder
    Beziehungsretter …   246
Wie der Hund einen verändert – auch wenn man
    irgendwann wieder ohne ihn durchs Leben zieht   249

Epilog   253

Vorwort:
Ein Hund und sein Frauchen –
Emma und ich

Eigentlich habe ich mich immer dagegen gewehrt, ein »Frauchen« zu werden. Es ist mir in großen Teilen meines Lebens gelungen. Bis Emma kam.

Emma ist mein Hund. Eine für ihre Rasse etwas zu hell und etwas zu klein geratene, versponnene, liebe, verrückte, sanftmütige, wilde Golden-Retriever-Hündin. All das gleichzeitig. Und ich bin – nun ja, ich bin ihr Frauchen. Wie man es dreht und wendet, es ist so. Und das seit fast zehn Jahren.

Emma trat in mein Leben, als ich 30 Jahre alt war und mir endlich einen langgehegten Traum erfüllen wollte: nämlich den vom eigenen Hund. Schließlich wollte ich schon ewig einen haben. Ich hatte die Realisierung dieses Vorhabens immer wieder verschoben, vorübergehend vergessen, erneut ins Auge gefasst und gleich wieder verworfen. Dazu die üblichen Einwände: falsche Lebenssituation, ganz falscher Job – und diesen langen Urlaub wollte ich doch eigentlich noch in diesem Jahr machen, oder? Und überhaupt, diese Verantwortung!

So richtig aus dem Kopf gegangen war sie mir trotzdem nie, die Vorstellung davon, mit einem treuen Gefährten an meiner Seite durchs Leben zu spazieren (denn so einfach stellte ich mir damals das Frauchendasein vor). Und als Emma schließlich da war, vergaß ich all diese komischen präventiven Überlegungen und hatte nur noch einen Gedanken: »Warum, zum Teufel, habe ich das denn bitte nicht schon viel früher gemacht?«

Nun ja, die Antwort liegt eigentlich auf der Hand: Hätte ich nicht so lange gewartet, dann hätte ich heute nicht Emma, sondern einen anderen Hund. Und das wiederum wäre für mich unvorstellbar. Wie übrigens für jeden Hundebesitzer, den man vor solch eine Wahl stellen würde.

Seit fast zehn Jahren nun erzähle ich Emma alles, was mich bewegt und beschäftigt. Emma kennt meine intimsten Geheimnisse, tiefsten Abgründe, größten Triumphe und verheerendsten Niederlagen. Sie weiß, wen ich insgeheim so richtig doof finde und wen nicht. Emma liegt während meiner Monologe meist in ihrem Korb – Verzeihung: Sie liegt natürlich in einem ihrer diversen in der Wohnung drapierten Hundebetten, die irgendwie viel bequemer aussehen als mein eigenes Bett – und brummt, guckt doof, gähnt oder legt den Kopf schief. Sie antwortet nie. Trotzdem habe ich das Gefühl, sie versteht es. Sie versteht alles.

Natürlich gibt es Momente geistiger Klarheit, in denen ich mir bewusstmache, dass das wahrscheinlich alles völlig absurd ist. Emma ist ein durchschnittlicher Hund mit wirklich – wirklich! – überschaubaren Gehirnfunktionen und rafft im Grunde überhaupt nichts, außer mit traumwandlerischer Sicherheit, wo ich in der Wohnung die Leckerlis versteckt habe. Diese Überschätzung des eigenen Hundes, dieses Wichtignehmen und permanente Alles-hinein-Interpretieren ist ein seltsamer Spleen von uns Hundebesitzern. Ich weiß das. Es ist einfach absurd, in infantile Begeisterungsstürme auszubrechen, weil Emma einen Ball von A nach B getragen hat, oder in eine Form von Mutterstolz, wenn ein Passant versichert, Emma sehe auf gar keinen Fall aus wie zehn, sondern allerhöchstens wie sechs! (»Hast du das gehört, Emma?«)

Es ist angesichts der Forschungsergebnisse über die Empathiefähigkeit von Tieren sowieso ziemlich mutig, zu behaupten, der eigene Hund merke genau, wenn es einem nicht gutgehe, und setze sofort alles daran, dass es dem Herrchen schnell wieder bessergehe. Oder dem Hund eine komplexe menschliche Verhaltensweise wie »Beleidigtsein« zu unterstellen, weil man ihn eine Woche bei Freunden abgegeben hat, um mal allein in den Urlaub zu fliegen. Den Satz »Die Lissy hat mich danach eine Woche lang mit dem Arsch nicht angeguckt!« kennt in geringer Abwandlung fast jeder Hundebesitzer aus seinem eigenen Mund. Es gibt zwar keine Beweise dafür, aber man ist sich sicher, dass es stimmt.

Wie soll ich es schließlich auch sonst interpretieren, wenn ich nach einem beschissenen Tag nach Hause komme, mich völlig fertig auf die Couch fallen lasse und heulen könnte – und Emma daraufhin mit der Leine im Maul zu mir kommt und auffordernd brummt? Signalisiert sie damit ein schlichtes »Los jetzt, ich muss aufs Klo!« oder vielleicht doch eher ein »Komm, lass uns erst mal an die frische Luft gehen und den Kopf freikriegen. Danach sieht alles schon viel besser aus«? Fast jeder Hundebesitzer würde sich für die zweite Variante entscheiden.

Das Ganze klingt wenig rational. Das ist aber egal. Denn um Rationalität geht es bei Hundebesitzern prinzipiell schon mal gar nicht. Es geht um ein Gefühl, das alle Herrchen und Frauchen teilen, wenn es sich um ihren Hund handelt: das Gefühl, sich mit einem Hund an der Seite wohler zu fühlen als ohne ihn; das Gefühl, jemanden zu haben, der einen immer wieder runterholt. Es geht darum, sich mehr bei sich selbst zu fühlen, darum, dass man erst durch den eigenen Hund erkennt, wer man wirklich ist oder wer man zumindest sein könnte.

In meinem Fall wird dieses Gefühl von einem bestimmten Geräusch erzeugt: einem dumpfen, matten Klopfen, das ich immer dann höre, wenn Emma in meiner Wohnung auf dem Dielenboden liegt, etwas unmotiviert, aber tiefenentspannt mit dem Schwanz wedelt, der Schwanz dabei auf den Holzboden klopft und ebendieses Geräusch entstehen lässt. Das Geräusch verkörpert für mich mein Zuhause. Ein Metrum der absoluten Gelassenheit und des Einklangs. Denn Emma ist die Inkarnation des Einklangs. Mit sich, mit der Welt, mit allem.

Ich wäre gerne so grundentspannt wie Emma, die sich eigentlich durch gar nichts aus der Ruhe bringen lässt. Na gut, Kaninchen, Bälle, Eichhörnchen oder alles Essbare mal ausgenommen. Ich bin es aber nicht. Ganz im Gegenteil, ich bin ungeduldig, jähzornig und kann mich viel zu doll über winzige Kleinigkeiten aufregen. Wenn ich jedoch dieses Klopfgeräusch höre und in diese gutmütigen Augen schaue, bewege ich mich emotional ein wenig mehr in Emmas Richtung. Und ich glaube, dass Emma das weiß. So wie alle Hunde viel mehr über ihre Besitzer wissen, als man denkt. Emmas Schwanzklopfen bedeutet: »Hey, es ist alles in Ordnung. Entspann dich. Kein Grund zur Sorge« – und sofort lehne ich mich zurück und denke: »Sie hat recht. Es wird alles nicht so schlimm sein, wie es gerade scheint. Und den Rest klären wir, wenn es so weit ist.« So deute ich Emmas Klopfen zumindest. Denn erklären kann sie es mir ja nicht. Sie ist schließlich nur ein Hund und kann überhaupt nicht sprechen. Oder doch … aber dazu später mehr.

Es ist ein bisschen beunruhigend, all das einem Hund zuzutrauen, oder? Vielleicht sogar richtig hirnrissig. Das Beruhigende aber an dieser völlig übersteigerten Erwartung an das Haustier ist: Ich bin damit nicht allein. Denn Millionen anderer Menschen in Deutschland teilen diese Affenliebe – zu ihren Pinschern, ihren Schäferhunden, ihren Pudeln, ihren chinesischen Schopfhunden, ihren Rottweilern, Windhunden und Dobermännern. Und es scheint ihnen gut dabei zu gehen. Trotz Kotbeutel, trotz stinkender Sofagarnituren, trotz des Kopfschüttelns überzeugter Hundegegner und trotz eines Lebens, das großteils in den unwirtlichen Gebüschen von Stadtparks, in düsteren Fuchsbauten oder auf zu Steppen verödeten Hundewiesen stattfindet.

Wie kann das sein? Spinnen die alle? Oder sind sie in Wirklichkeit diejenigen, die recht haben? Allerhöchste Zeit also für eine genauere Betrachtung der – man nehme es mir bitte nicht übel – verrücktesten Parallelgesellschaft der Welt. Eine Welt, in der Dogdancing als ernstzunehmende Sportart und der Geruch von Pansen in der Küche als völlig normal angesehen wird. In der Menschen mit Tieren sprechen und Tiere eigene Zahnbürsten haben, nebst Zahnpasta in der Geschmacksrichtung »Geflügel«. In der Welt der Hundebesitzer. Eine wahnsinnig bekloppte Welt. Aber eine Welt, in der ich mich total zu Hause fühle.

»Wollen Sie das wirklich?«
Der lange Weg zum Hund

Warum ein Hund, wenn mit einem Zierfisch alles viel einfacher wäre?

Okay, sagen wir es gleich vorneweg: Ein Hund ist eine Schnapsidee. Und zwar eine richtige! Sie werden dank ihm Zecken in der Größe kleiner Weintrauben auf Ihrer Couch finden, die hygienische Oberkategorie Ihrer Kleidung wird nicht mehr »Das ist sauber«, sondern »Och, das geht doch noch« sein, und Sie werden allein und schmutzig im Stadtpark stehen und völlig entnervt einen albernen Namen brüllen, während saubere Menschen entspannt an Ihnen vorbeiflanieren und einen kurzen Moment zu überlegen scheinen, ob Sie psychologische Betreuung brauchen.

Zudem werden Sie in ungeahnte Erklärungsnöte geraten. Etwa dann, wenn der ausgewachsene Cane Corso sich nach einem ausgiebigen Bad im Schlammloch auf dem fremden schneeweißen Langflorteppich trockenwälzt. Wenn der Labrador den Döner so schnell aus der Hand des unbekannten Passanten gerissen und unzerkaut inhaliert hat, dass Sie fast ein wenig beeindruckt sind. Wenn Sie ein romantisches Gespräch über den eventuellen Ausbau einer vorsichtigen, zärtlichen Beziehung führen und der Jack-Russell-Terrier währenddessen beginnt, mit energischem Hecheln Ihr Lieblingszierkissen zu vögeln. Oder wenn der befreundete Beifahrer sich aus dem

Autofenster übergibt und man die leise Ahnung nicht loswird, dass seine Übelkeit etwas mit dem direkt hinter ihm auf der Rückbank thronenden Rottweiler zu tun haben könnte, der ihm seit geschlagenen drei Stunden seinen Pansen-Atem in den Nacken bläst. Kürzlich saß ich in einer wichtigen Konferenz mit einem halben Dutzend Anzugträgern und versuchte, hochseriöse Gespräche zu führen, während Emma sich, offenbar wohlgelaunt und sattgefressen, auf dem fremden Teppich wälzte und über Minuten Geräusche von sich gab, die an den Verdauungsapparat eines Dinosauriers erinnerten. Was die anderen wohl von uns dachten? Emma war das sicher egal.

Doch solche Peinlichkeiten sind längst nicht alles, was Ihnen bevorsteht. Nicht nur Ihr guter Ruf, auch Ihr Besitz wird leiden. Ihre teuersten Schuhe sind plötzlich mit den liebevollen Perforierungen spitzer Eckzähne versehen? Sie stöbern getrocknete Ochsenpenisse auf, die nach drei Wochen im vom Hund heimlich ausgewählten Versteck ein Eigenleben entwickelt haben? Sie erleben einen morgendlichen Weckdienst per erschreckend schlechtem Atem zwei Zentimeter *vor* und einer pelzigen Zunge mitten *im* Gesicht? Sie finden überall, wirklich überall, Haare – auch da, wo der Hund niemals hinkommen würde? Willkommen in der Welt der Hundebesitzer!

Das müsste eigentlich reichen, um eines klarzumachen: Ein anderes Haustier, egal welches, ist die stressfreiere Variante einer Tier-Mensch-Beziehung. Ein Goldfisch zum Beispiel verursacht all dies nicht. Man kann bei novemberlichem Dauerregen meditativ mit einer Wärmflasche auf der Couch vor dem Aquarium sitzen, von Zeit zu Zeit etwas Futter hineinstreuen und hat ansonsten nicht viel zu tun, um das Tier auszulasten, während man draußen zitternde, in dicke Mäntel gehüllte Trottel sieht, die mit griesgrämigen, mitunter flehen-

den Blicken ihren Hunden dabei zusehen, wie sie minutenlang interessiert an einem Baum riechen, urinankündigende
Drehungen absolvieren und sich dann doch spontan dagegen
entscheiden, hier ihr Geschäft zu verrichten.

Oder: Wie schön wäre es, neben einer schnurrenden, vergleichsweise eher wohlriechenden Katze im Bett zu liegen, die
im Falle einer Notdurft eigenständig die Toilette aufsucht und
den Großteil des Tages auf intensive Körperpflege verwendet.
Keine Pfotenabdrücke auf der Couch, höchstens ein paar feine
Haare. Kein Kampf ums Pfotenabputzen vor der Haustür.
Kein Entscheidungsdruck, wen sie nun lieber haben – den
Hund oder den Partner. Kein Schütteln im Wohnzimmer nach
dem Spaziergang im Regen. Oder ein Meerschweinchen! Die
sehen niedlich aus, werden nicht besonders alt, und es reicht,
sie von Zeit zu Zeit aus ihrem Stall zu heben, eine halbe Stunde zu streicheln und wieder im warmen Heubett abzusetzen.
Und wenn einem sogar das auf Dauer zu mühsam ist, wird fast
jedes Nachbarskind zum dankbaren Abnehmer des Nagers,
und man hat damit sogar noch eine gute Tat getan.

Kurz: Es könnte alles so schön sein ohne Hund. Denn es ist
ein wahrer Akt der Selbstkasteiung, sich solch einen zermürbenden Alltag anzutun. Diesen Zeitaufwand. Diese Rück-
sichtnahme auf ein Tier! Diesen Gegenwind, der einem bei
manchen Mitmenschen zuweilen begegnet! Diese Organisa-
tionstortur, um dem haarigen Zeitgenossen ein einigermaßen
artgerechtes Leben zu bieten!

Wären da nicht ein paar Einwände, die stutzig machen:
Warum betreiben die Herrchen und Frauchen der circa
5,4 Millionen in Deutschland lebenden Hunde tagtäglich dieses ganze Brimborium? Warum lebt in jedem zehnten deutschen Haushalt ein Hund? Und vor allem: Warum wirken die

meisten Hundehalter dabei außerordentlich zufrieden, anstatt sich den ganzen Tag darüber zu ärgern?

Rationale Gründe für den Hund gibt es zweifellos. Die gigantische Industrie rund um den Hund (vom Hundefutter über Hunde-Frozen-Yoghurt und Diamant-Halsbänder bis zum Hunde-Osteopathen) schafft eine Menge Arbeitsplätze. Hundebesitzer sind nachweislich weniger krank und bewegen sich außerdem genug, und das auch noch draußen an der frischen Luft. Hunde werden erfolgreich in diversen Therapien eingesetzt. Die Einnahmen durch die Hundesteuer liegen im dreistelligen Millionenbereich. Und Hundebesitzer verschmutzen die Umwelt weniger, weil sie weniger Flugreisen machen als Menschen ohne Hund.

Gesellschaftlich betrachtet sind Menschen, die sich als Herrchen und Frauchen definieren, also ein absoluter Glücksfall. Selbstkritisch muss hier allerdings angemerkt werden, dass die gesellschaftliche Bedeutung dem gemeinen Herrchen und Frauchen meist völlig egal ist. Nein, der wesentliche Grund dafür, sich einen Hund anzuschaffen, ist für die meisten Menschen sehr viel individueller: Der Hund ist das einzige Haustier, das den Zusatz »Freund« verdient. Weil er feine Antennen hat. Weil er merkt, wenn etwas nicht stimmt. Weil er lachen kann, wenn man mit ihm spielt. Weil er ein Familienmitglied sein will, ein Partner, ein Kumpel. Weil er im Türrahmen sitzt, wenn man sich die Schuhe anzieht, und erst dann hysterisch mit dem Schwanz zu wedeln beginnt, wenn er das Klimpern der Leine hört und weiß, dass er mitdarf. Weil er überall dabei sein will! Oder hat eine Katze schon mal in stundenlanger minutiöser Kleinstarbeit versucht, ein Loch in eine Massivholztür zu beißen, nur weil Sie mal ohne sie das Haus verlassen haben? Eben. Oder stürzt vielleicht ein Hamster in eine depressive Phase, wenn Sie den Koffer rausholen – und krönt diese Phase, indem er Sie erst ignoriert, um Ihnen dann, als letztes Aufbäumen, den Weg zur Tür zu versperren? Nein? Emma ist darin ein Vollprofi …

Die Rechtfertigungsorgie

Die Entscheidung für einen Hund ist eine große Sache. Immerhin handelt es sich um ein recht anspruchsvolles Lebewesen, für das man bereit ist, die volle Verantwortung zu übernehmen – finanziell, emotional und organisatorisch. Und das auch noch verpflichtend für viele Jahre. Denn Hunde werden wirklich alt! (Na ja, wenn der eigene Hund bereits fast zehn ist, wird der Begriff »alt« eher relativ. Aber dazu später.) Kein Wunder jedenfalls, dass die Entscheidung bei den meisten Menschen nicht plötzlich über Nacht getroffen und dann ohne Wenn und Aber durchgezogen wird, sondern dass sie reifen muss. Manchmal Wochen, manchmal Monate, manchmal sogar Jahre. Wie bei mir.

Wenn man sich dann schließlich dazu durchgerungen hat, wenn man alle Pros in die Waagschale und alle Kontras über Bord geworfen hat und die frohe Botschaft nun endlich seinem Umfeld verkünden möchte, stellt man sich die Reaktion dieses Umfelds in etwa folgendermaßen vor: Man eröffnet einem ausgewählten Personenkreis die frohe Kunde mit vor Pathos zitternder Stimme und dem Anflug eines vielsagenden Lächelns. Die anderen Personen werden sofort still, unterbrechen ihre Gespräche und schauen erwartungsfreudig. Die Szenerie wird von einem leichten Musikbett untermalt, das sich bis zum Stichwort »Hund« zu einem Crescendo auswächst. Sobald das Stichwort fällt, brechen die Freunde und Bekannten in Jubel aus, und der Rest des Satzes geht akustisch in Euphorie und Taumel unter. Es hagelt sofortige Umarmungen und Glückwunschbekundungen. »Ein Hund! Warum hast du das denn nicht viel früher getan?«, rufen die Leute. Und: »Endlich! Zum Glück! Du tust es!«

So oder so ähnlich habe ich mir das vorgestellt. Ja, ein bisschen übertrieben vielleicht. Aber für mich war das mit dem Hund eine Riesensache, und ich fühlte mich so, als hätte ich meiner Familie und meinen Freunden die eigene Schwangerschaft verkündet.

Die Realität weicht leider empfindlich von diesem Szenario ab. Zumindest bei mir war das damals so. Ich war 30 Jahre alt, wohnte in Köln, arbeitete bei einer Agentur, hatte die Entscheidung für den Hund endlich getroffen und war nun bereit, es durchzuziehen. Die Formalitäten waren ebenfalls geklärt: Ich hatte mir das Okay meines Chefs abgeholt, einen Hund zur Arbeit mitzubringen (eine Erlaubnis, die er freundlicherweise schon am ersten gemeinsamen Arbeitstag wieder zurückzog …), und auch das Okay meiner damaligen besseren Hälfte – das ist nicht ganz unwichtig, wenn man vorhat, einen »dritten Partner« in die Beziehung einzuschleusen. Es konnte also losgehen. Wie aufregend!

Nun also verkündete ich die frohe Botschaft strahlend im Bekanntenkreis – und ergatterte ein paar nichtssagende Blicke sowie ein knappes, gelangweiltes und eigentlich unsinniges »Ja klar …« aus dem Mund von jemandem in der Runde, der sich erbarmte, meine Nachricht überhaupt irgendwie zu kommentieren.

Diese Ignoranz war der Gruppe nicht unbedingt zu verübeln. Immerhin hatte ich im Laufe der gemeinsamen Freundschaftsjahre bereits 34-mal – wahlweise bei Liebeskummer oder im Zuge einer allgemeinen Sinnkrise – trotzig die sofortige Anschaffung eines Hundes angekündigt, und nichts war passiert. Nach meiner Offenbarung wandten sich die anderen jedenfalls wieder den wirklich wichtigen Dingen des Lebens zu, und die Hunde-Neuigkeit verschwand ungewürdigt im Themenorbit. Zurück blieb ich: ein frustriertes Beinahe-Frauchen, das sich ein wenig so fühlte, wie wenn man als Fünfjährige seinen Eltern erklärt, man habe seine Sachen gepackt und werde jetzt von zu Hause ausziehen, und die Eltern diese Bemerkung einfach übergehen und sich weiter über den Einkaufszettel unterhalten, obwohl man selber es in diesem Moment bitterernst gemeint hat.

Vermutlich ist es wie mit dem neuen Partner: Die Leute glauben erst an ihn, wenn sie ihn live vor sich sehen. So auch bei mir: Als ich plötzlich einige Wochen später wirklich mit Emma um die Ecke kam, fragten manche Freunde allen Ernstes, warum ich denn vorher nichts gesagt hätte!

Immerhin: Ich ging als erfolgreiches Beispiel dafür voran, dass sich ein Hund hervorragend in den eigenen Alltag integrieren lässt. Auch wenn der Alltag nicht der solideste der Welt ist; auch wenn man weiterhin viel arbeitet, viel verreist und kein Häuschen im Grünen hat. Nein, Emma hat mich keineswegs zur Sesshaftigkeit verdammt. Mittlerweile bin ich schon lange nicht mehr die Einzige mit Hund im Freundeskreis. Ganz im Gegenteil.

Von meinen Eltern hingegen hätte ich mir etwas mehr Offenheit gewünscht, als ich erzählte, dass ich mir einen Hund zulegen würde (wohl wissend, dass Eltern so nicht funktionieren und nie gleichgültig auf das reagieren können, was ihre Kinder machen ...). Stattdessen packten sie sofort eine Reihe von Horrorszenarien aus. Denn diese komische Hunde-Idee, so viel war in ihren Augen sonnenklar, war eine absolute Dummheit.

Besonders meine Mutter warnte mich eindringlich vor der fatalen Fehlentscheidung. Und sie sah sich diesbezüglich eindeutig als Expertin, denn wir hatten eine Zeitlang einen Schäferhund namens »Telli«, der auf Drängen meiner älteren Geschwister angeschafft, einige Monate von mir als Klettergerüst missbraucht und dann ganz schnell wieder abgeschafft wurde. Seitdem war eigentlich für alle Familienmitglieder klar, dass Haustiere nichts für uns sind. Bis ich meiner Mutter nun mit der Hunde-Idee kam.

Zuerst schimpfte sie, als habe sie es mit einer Fünfjährigen zu tun. Dann holte sie irgendwann zum finalen Schlag aus mit dem absoluten Totschlag-Argumentationstrio: 1. »Du hast doch überhaupt keine Zeit!«, 2. »Du wohnst doch in einer Großstadt!« und 3. »Du wohnst doch in einem Mietshaus!« Meine Mutter zeichnete ziemlich überzeugend das Bild einer überforderten Hundemutti, die, gefesselt an Hundenapf, Zeckenzange und Daunenkörbchen, zu nichts mehr in der Lage sein würde, was nicht mit diesem Tier zu tun hätte. Karriere: nicht mehr existent. Freundeskreis: irreversibel ausgelöscht. Hobbys: vorbei. Hätte man nicht gewusst, dass lediglich von einem Hund die Rede war – man hätte gedacht, meine Mutter diskutiere mit ihrer schwangeren 15-jährigen Tochter, die sich gegen eine Abtreibung entschieden hatte. Als all das nicht half, mich von meinem Vorhaben abzubringen, griff meine Mutter zu härteren Mitteln: Sie verkündete, der Hund dürfe niemals und unter keinen Umständen jemals ihr Haus betreten.

Als ich Emma schließlich nach langen Wochen des Wartens von der Züchterin in Hamburg abholen durfte und im Auto auf dem Weg zurück nach Köln war, machte ich aufgeregt und stolz wie Bolle einen kurzen Zwischenstopp an der Autobahnausfahrt meiner Eltern, um ihnen meinen nagelneuen Welpen zu zeigen. Meine Emma! Ein neues Familienmitglied! Meine ganze Familie kam, um Emma zu sehen. Sogar meine Nichten waren da. Nur eine fehlte: meine Mutter! Denn die machte Ernst. Sie weigerte sich, Emma auch nur anzusehen. Sollte ihre Tochter doch allein in ihr Unglück rennen …

Selbstverständlich war ich in meinem neuentdeckten eigenen Mutterstolz zutiefst gekränkt. Und doch bereitete mich die harsche Reaktion meiner Mutter perfekt darauf vor, dass Hundebesitzer zwar oft, aber keineswegs immer mit Lobgesängen und Neidbekundungen über den entzückenden haarigen Freund bedacht werden. Nein, nicht immer und überall fallen Menschen jauchzend auf die Knie und kuscheln erst mal mit dem Hund, bevor sie einem guten Tag sagen, geschweige denn einen überhaupt wahrnehmen. Ziemlich viele Menschen verstehen diese Sache mit den Hunden nämlich einfach nicht.

Hundehasser sind ähnlich missionarisch wie Hundebesitzer. Deswegen geht es zwischen diesen Gruppierungen auch vergleichsweise unharmonisch zu. Und interessanterweise halten Kritiker beim Thema »Hund« mit ihrer Meinung kein bisschen hinterm Berg. Offenbar verursacht es eine Empörung, die sofort rausmuss. Ich bin zum Beispiel kein Fan von breiten Sportwagen mit viel PS. Schön finde ich einige davon, klar, aber sie schlucken einfach viel zu viel Benzin, beanspruchen Platz für zwei, sind unpraktisch, unnötig und in Sachen Nachhaltigkeit eine Katastrophe. Ich halte außerdem übermäßigen Fleischkonsum für falsch und finde es äußerst fragwürdig, sich ein Hähnchenbrustfilet für 1,99 € beim Discounter zu kaufen. Ich stelle allerdings nicht jeden Porsche-Fahrer an der Tankstelle zur Rede und verwickle auch nicht jeden Kunden am Fleischregal in eine Diskussion.

Hundegegnern merkt man hingegen ihre Gesinnung sofort an. Am genervten Stöhnen, wenn der Hund dem Fahrrad im Wald ein wenig zu langsam ausweicht – was vor allem dann geschieht, wenn manche Mountainbiker den Waldweg als private Rennstrecke nutzen. An Menschen, die stehen bleiben und sehr aufmerksam kontrollieren, ob der soeben abgesonderte Hundehaufen auch wirklich säuberlich aufgesammelt wird. Am lautstarken Erinnern an den innerstädtischen Leinenzwang, sobald ein Hund ohne Leine gesichtet wird, selbst wenn er einen Plüschball im Maul trägt oder sich kaum noch bewegen kann – »Nehmen Sie Ihren Köter ran!«, schallt es einem hysterisch aus einem halben Kilometer Entfernung entgegen, obwohl der »Köter« sich für nichts weniger interessiert als für den krakeelenden Hundegegner, der gerade so tut, als käme man ihm mit einer Horde aufgeputschter Säbelzahntiger entgegen.

Natürlich gibt es auch das ebenso nervige Gegenteil: Hundebesitzer, die sich weigern, ihren Rottweiler herbeizurufen, obwohl jemand offensichtlich Angst vor ihm hat. Oder Hundebesitzer, die ihre Vierbeiner absolut nicht unter Kontrolle haben und ein machtloses »Das regeln die Tiere schon untereinander« flöten, während der entfesselte Mischling gerade das Damwildgehege samt Insassen auseinandernimmt oder sich auf den wehrlosen Pekinesen der gehbehinderten Rentnerin stürzt.

Beim Thema Hund gibt es erstaunlicherweise kaum entspannte Gleichgültigkeit. Es ist ein bisschen wie mit Koriander: Entweder man liebt oder man hasst ihn, egal ist Koriander aber niemandem. Hunde polarisieren: Entweder man ist bedingungslos dafür oder konsequent dagegen. Entweder mein neuer Bekannter klingelt an der Tür, linst argwöhnisch durch den Türspalt und weigert sich dann, die Wohnung zu betreten, bis man die stinkende, bissige Töle ins Hinterzimmer gesperrt und das Sofa großflächig desinfiziert hat. Oder aber er rennt mit einem infantilen »Ja, wer ist denn da …?« in meine Wohnung und rollt nach einer Zehntelsekunde in intimer Umarmung mit Emma auf dem Boden, wobei er Knurrgeräusche von sich gibt – den Rest seines Besuchs verbringt er auf allen vieren und ist kaum ansprechbar.

Und dennoch: Man muss Verständnis für die Menschen haben, die Hunde nicht mögen. Denn zugegebenermaßen haben sie eine Menge handfester Argumente auf ihrer Seite: Hunde stinken. Sie waschen sich nie. Sie haben Mundgeruch (Ja, alle! Auch Ihrer!). Hunde verlieren haufenweise Haare, selbst auf Möbelstücken, die sie nach hygienischen Gesichtspunkten nicht einmal betreten dürften. Hunde kacken hemmungslos die Gehwege voll, pinkeln gegen Blumenkübel und Fahrräder, übertragen Krankheiten. Hunde riechen sich bei Erstkontakt gegenseitig am Hinterteil, wälzen sich in Aas, in Misthaufen, in toten Fischen und noch viel schlimmeren Dingen, und sie reiben sich anschließend mit Vorliebe am Hosenbein ihres Besitzers oder – noch ärger – von fremden Spaziergängern. Hunde sind aus all diesen Gründen wirklich eklig. Und sie sind zeitaufwendig. Und lästig. Und unselbständig. Das bleiben sie auch – im Gegensatz zum Kind.

Trotzdem ist das beliebte Argument, Hunde seien quasi ein Pflegefall, grundfalsch. Klar, nicht nur die Menschen, sondern auch die Hunde werden inzwischen immer älter. Längst werden sie mit künstlichen Hüften, Bypässen und Gehhilfen versorgt, und ich kenne Hunde, die im biblischen Alter von 18 Jahren zahnlos, struppig und auf beiden Augen blind den Weg von der Couch zum Fressnapf und zurück humpeln. Aber: Anders als die meisten hilflosen Senioren in ihren Pflegeheimen wirken diese Hunde quietschfidel und haben überhaupt nicht vor, demnächst mal abzutreten.

Im Übrigen könnte man den Pflegefall-Querulanten in Sekundenschnelle mit seinen eigenen Waffen und seinem eigenen Vokabular schlagen und ihm sagen, dass ein Hund eher dafür sorgt, dass der Mensch selbst nicht zum Pflegefall wird. Denn Hundebesitzer springen meist agil wie junge Rehe mit Rumpfbeugen über Baumstämme, um ihren hasenjagenden Hund zu verfolgen. Sie durchqueren ganze Seen im Delphinstil, um dem enthusiastisch einer Ente nachsetzenden Westhighland-Terrier beizubringen, dass das so nicht geht. Und sie kriechen flach auf allen vieren unter Maschendrahtzäunen hindurch wie Mitglieder einer Bundeswehrelitetruppe, um den Boxer aus dem Kaninchenstall des Nachbarn zu zerren, bevor ebendieser ihn dort erwischt und seine Schrotflinte zückt. Seit ich Emma habe, werfe ich Bälle über 30 Meter weit und jogge mehr denn je – und das bei Wind und Wetter. Kein Fitnesstrainer hätte das bewirkt. Und mal ganz nebenbei: Spazieren gehen ohne Hund – wo liegt da bitte schön der Sinn?

Aber es stimmt natürlich: Hunde sind Stressfaktoren. Das vergisst man zwar zwischendurch, wenn man verliebt auf das in Embryo-Pose zusammengerollte, friedlich schlafende Bündel schaut. Man kann nach einer durchzechten Nacht nicht mehr verkatert den ganzen Tag im Bett liegen, wenn man einen Hund hat. Oder zumindest nur noch einen Teil des Tages, wenn man – wie ich – seinen Hund zu einem absoluten

Langschläfer erzogen hat. Man kann auch nicht mehr in den Urlaub fahren, ohne sich vorher darum zu kümmern, wer den Hund in der Zeit nimmt – und tauscht eventuell mit einem weinenden Auge den Strandurlaub in Sri Lanka gegen den Wanderurlaub in der Eifel ein.

Aber ist das nicht bei fast allen Entscheidungen so, dass man eine Sache aufgibt oder vernachlässigt, wenn man sich für eine andere Sache entschieden hat? Wenn man einen sauteuren Vertrag mit einem Yoga-Studio abgeschlossen hat, kündigt man halt dafür seine Mitgliedschaft im Fitness-Studio. Wenn man sich einen eigenen Golfplatz baut, geht man nun mal nicht mehr so oft Tennis spielen. Wenn man für das Abendessen schon Pizza eingekauft hat, macht man keine Pasta mehr. Und wenn man sich für einen Hund entschieden hat, liegt man anstatt im Bett halt morgens verkatert unter einem Rhododendron im Wald und sucht einen Ball. So ist das eben mit den Vorlieben und Entscheidungen.

Was nun die ganz hartnäckigen Kritiker im eigenen Umfeld angeht: Meist erledigt sich das Problem irgendwann von alleine – nämlich dann, wenn sie gemerkt haben, dass alles Zetern und Argumentieren nicht fruchtet und sie sich mit dem Hund an meiner Seite arrangieren müssen. Zeit und Ausdauer helfen sogar bei den ganz schweren Fällen, selbst bei meiner Mutter: Sie stellte sich noch einige Monate beleidigt quer, ignorierte Emma und wartete geduldig auf den Moment, in dem sie ein rechthaberisches »Ha! Siehst du?!« rufen und den erlösenden Anruf im Tierheim tätigen konnte, auf dass die Tochter den doofen Retriever-Fehler wieder loswürde und alles wieder in Ordnung käme. Dumm nur, dass sie sah, wie gut mir Emma tat und wie sehr mir meine neue Rolle als »Frauchen« gefiel. Und als sei das nicht genug, fing sie an, Emma selber zu mögen. Kurz: Meine Mutter kapitulierte. Sie verstand irgendwann, dass man sich durchaus die Zeit für einen Hund nehmen kann, wenn man das möchte. Dass ein Hund auch in einer Mietwohnung glücklich werden kann, wenn man ihm im Gegenzug genug Auslauf und Beschäftigung bietet. Dass eine Großstadt zumindest dann für einen Hund eine wunderbare Umgebung sein kann, wenn seine Lieblingsbeschäftigungen »Fressen«, »Kaninchenübervölkerung dezimieren« und »innigen Kontakt zu fremden Menschen aufnehmen« heißen. Und das Wichtigste: Sie sah ein, dass Emma zu mir gehörte und damit auch zur Familie.

Bald schien es mir, als hätte sich meine Mutter kaum einen liebevolleren, süßeren Familienzuwachs als Emma wünschen können. Nach wenigen Monaten hieß es bei Elternbesuchen plötzlich nicht mehr als Erstes: »Kind, wie geht es dir?«, sondern vielmehr schaute sich meine Mutter sofort panisch um, wenn sie Emma nicht gleich sah, und fragte: »Wo ist Emma? Hast du Emma etwa nicht mitgebracht?« Und es wurde noch wilder, mit Sätzen wie: »Was? Du kommst ohne Emma? Dann kannst du gleich in Berlin bleiben!« nebst anschließender beleidigter Telefonhörer-Übergabe an meinen Vater.

Das typische Herrchen – oder: Wer schafft sich eigentlich einen Hund an?

Die Welt der Hundebesitzer ist ein beeindruckend egalitäres und gleichberechtigtes Gefüge. Es kennt keine Unterschiede im sozialen Status. Es setzt sich über Herkunft, Gesinnung,

Geschlecht und Lebenswandel hinweg. Das führt dazu, dass Hundewiesen ein interessantes, variantenreiches Panoptikum der unterschiedlichsten Menschen bieten, die hier in trauter Einigkeit und Gummistiefeln zusammenstehen: zwielichtige Gestalten in Camouflage-Outfits neben harmlosen Rentnern im Multifunktions-Partnerlook, Teenager mit Joint in der Hand neben Hausfrauen mit Einkaufstüten unterm Arm, Unternehmensberater in Anzügen, Theaterregisseure, Bäcker, Tanzlehrer, Buchhalter, Spielhöllen-Besitzer, Studenten, Gas-Wasser-Installateure und Moderatoren … Sie alle bilden eine eingeschworene Gemeinschaft und begrüßen sich niemals mit »Hallo, Herr Müller«, sondern stets mit »Ja, ist da der Balou …?« oder »Na guck mal, wer da ist! Die Susi!«. Hier existiert kein »Hallo, Dunja«, hier gibt es nur »Hallo, Emma«. Für alle Menschen mit Größenwahn oder einem übergroßen Ich wäre die Hundewiese also die beste Therapie, denn hier ist der Hund die Nummer eins.

Ganz schlimm war es, nachdem Emma vor einigen Jahren mal einen kleinen Auftritt im *heute-journal* hatte. Ich hatte in den Nachrichten die Meldung verlesen, dass der Bundesgerichtshof die Haltung von Haustieren großzügiger als bisher beurteilt hatte, und der Moderator Claus Kleber (ebenfalls Hundeliebhaber) kam auf die Idee, dass Emma dazu passend auf dem Moderationspult liegen könnte, während wir uns verabschiedeten. Emmas Auftritt dauerte nur wenige Sekunden. Trotzdem wurde sie noch monatelang von anderen Hundebesitzern, aber auch Nicht-Hundebesitzern auf der Straße erkannt. Menschen kamen strahlend auf uns zu und wollten obendrein oft Fotos von Emma machen. Manchmal war ich sogar diejenige, die das Foto von Emma und ihrem Fan schießen sollte. Nie galt mir die Aufmerksamkeit, immer nur ging es um Emma! Ich wurde teilweise nicht mal erkannt. Auf Fragen wie »Das ist doch der Hund, der auf dem Tisch lag, oder?« nickte ich höflich und dachte insgeheim schmunzelnd: *Äh, ja, und ich bin die, die danebensaß und die dort viel öfter sitzt als dieser Hund!*

Im Rudel der Hundebesitzer zählt nicht, was du beruflich machst, wie viel du verdienst, was für einen Platz du in der Leistungsgesellschaft einnimmst. Hier zählen ganz andere Errungenschaften: Hast du deinen Hund zum Bett- oder Körbchenschläfer erzogen? Gehst du alle sechs Wochen zum Trimmen, oder hat dein Hund so langes, anarchisches Fell, dass er ständig gegen Bäume läuft, weil er nichts sieht? Findest du Dogdancing wahnsinnig albern, oder tauschst du mit den anderen CDs mit den schönsten Liedern für Hund-Mensch-Choreographien aus? Musst du deinen Hund zehnmal rufen, bevor er dich einmal kurz anguckt, unmotiviert pinkelt und in die andere Richtung weiterrennt, oder wartet er sogar auf dein Handzeichen, bevor er sich nach einem 20-Kilometer-Lauf am Fahrrad traut, einen Schluck aus dem See zu trinken? Hier bist du nicht der Studienrat, hier bist du der Typ, der dem Problemhund Max endlich Manieren beigebracht hat. Hier bist du nicht das erfolgreiche Model, sondern die Frau, die das Schleppleinentraining wirklich bis zum Ende durchgezogen hat. Der eitelste Fußballstar ist dankbar, wenn man seinem schlammbespritzten Labrador einen netten Blick zuwirft. Und selbst der erfolgreichste Topmanager macht kein Hehl aus seiner Hilflosigkeit, wenn sich sein unerziehbarer Rauhaardackel mal wieder im Mist wälzt.

So unterschiedlich die Herrchen und Frauchen sind, die einem im Laufe des eigenen Daseins als Hundehalter begegnen: Nach mittlerweile fast zehn Jahren in Wäldern, Auslaufgebieten und auf Hundewiesen lassen sich einige typische Vertreter der »Gattung Hundebesitzer« feststellen, die man von Kiel bis Passau immer wieder trifft.

Das Kumpel-Herrchen

Natürlich spürt das Kumpel-Herrchen zuweilen die seltsamen Blicke, wenn er erzählt, dass sein Dackel »Buddy« und er sich letzte Woche mal wieder einen richtig schönen verregneten Sonntag auf der Couch gegönnt hätten. Er weiß aber überhaupt nicht, was diese Blicke bedeuten sollen. Vielleicht Neid auf diese funktionierende Männerfreundschaft? Stumme Anerkennung? Er hat auch den Dackel schon ein paarmal gefragt, was er dazu meint, aber der schweigt beharrlich. Er ist aber auch ein stiller Typ.

Das Kumpel-Herrchen führt mit seinem Hund eine Sozialpartnerschaft auf Augenhöhe (»Ich würde ja heute Abend gern mitkommen, aber ich fürchte, Rex hat nicht so Lust …«). Neben dem Dackel handelt es sich bei der vom Kumpel-Herrchen favorisierten Sorte oft auch um einen Mops, eine Französische Bulldogge, einen Pekinesen oder eine andere Rasse, der man eine gewisse menschliche Mimik nachsagt.

Selbstverständlich schläft der Hund mit im Bett, und natürlich wird auch die Partnerwahl in enger Anlehnung an die Sympathiebekundungen des Hundes geknüpft. Nicht selten zerbrechen junge Beziehungen, weil Rex nicht damit einverstanden ist, dass jemand anderes plötzlich seinen Platz auf der Couch einnimmt.

Das Kumpel-Herrchen muss nicht unbedingt Single sein. Er ist allerdings ein Mensch, der ständigen Austausch und einen permanenten Resonanzboden für seine Befindlichkeiten braucht, und zwar in einer Weise, die Partner und Freunde überfordert. Deswegen ist auch jeder im Umfeld des Kumpel-Herrchens froh, dass der Hund da ist und das meiste abbekommt: Er erträgt lange Monologe des Herrchens zu allen erdenklichen Themen und wird trotzdem nicht müde, begeistert mit dem Schwanz zu wedeln, selbst wenn er die eine oder andere Geschichte schon etwa hundertmal gehört hat.

Das Kumpel-Herrchen lebt mit seinem Hund wie mit einem eher wortkargen Mitbewohner. Er diskutiert den Futterkauf in Zimmerlautstärke im Zoogeschäft und interpretiert in jeden Blick seines Hundes eine Antwort auf seine Frage hinein. Das Trockenfutter nimmt er nicht – als er diese Tüte nämlich aus dem Regal hob, hat der Mops angeekelt zur Seite geschaut.

Das Kumpel-Herrchen fühlt sich auf beneidenswerte Weise nie allein. Und wenn sich jemand darüber beschwert, dass der Hund im Café auf einem eigenen Stuhl Platz genommen hat, reagiert er konsequent und extrem loyal. »Komm, Luna, das haben wir echt nicht nötig«, sagt er und geht. Später wird er erzählen, dass Luna das Café eh nie mochte. Der Kuchen dort schmeckte ihr einfach nicht.

Das Zufallsopfer

Das Zufallsopfer steht Hunden seit jeher prinzipiell offen und positiv gegenüber, hatte jedoch nie genug Motivation, Sehnsucht oder Timing für eine geplante Anschaffung. Bis zu diesem einen Tag, an dem die Entscheidung ohne sein Zutun für ihn getroffen wird: Er lief nur eben durch Zufall an einer Wohnung im Kiez vorbei, in der ein Mieter einen schweren Fall von Animal-Hoarding betrieben hat, und schon ist es passiert: Ein Kammerjäger drückt ihm einen winzigen, fiependen Hundewelpen in die Hand, das Zufallsopfer erstarrt kurz, gibt einige halbherzige Widerworte, trollt sich dann aber mit seinem neuen Besitz.

Und plötzlich ist es ganz egal, ob man sich eigentlich momentan knietief im Diplomarbeitsfinale befindet, soeben einen Jobwechsel hinter sich gebracht hat, gerade Mutter geworden ist oder mitten in der Scheidung steckt. Man hat jetzt einen Hund.

Der Welpe wird entzückt nach Hause transportiert (wo sich in der Abstellkammer bereits ein Starter-Set für einen Welpen befindet, weil es das halt irgendwann mal irgendwo im Angebot gab – man weiß ja schließlich nie …) und hat ab sofort Bleiberecht – auch wenn das Zufallsopfer im Laufe der Monate feststellen muss, dass es sich bei dem niedlichen, dickpfotigen Knäuel um einen kaukasischen Hütehund handelt, der die Mietwohnung bis aufs Blut vor Eindringlingen verteidigt und sich schon ab Lebensmonat sechs konsequent in Richtung eines Stockmaßes der eigenen Körpergröße hinentwickelt.

Die Alternative, wie das Zufallsopfer auf den Hund kommt: Ein entfernter Bekannter gibt seinen Hund zur Urlaubspflege beim arglosen Aufpasser ab, der sich sehr auf zwei Wochen Abwechslung freut und den Neuankömmling begeistert in Empfang nimmt. Es werden zwei wunderbare Wochen, und das Zufallsopfer packt anschließend etwas geknickt Körbchen, Decke und Napf seines neuen Freundes zusammen und wartet auf den schweren Moment der Abholung. Doch nichts passiert. Erst als der Hund auch nach vier Wochen noch zufrieden in der Wohnung des vermeintlichen Babysitters sitzt und die Telefonnummer des entfernten Bekannten plötzlich nicht mehr existiert, dämmert dem Zufallsopfer, dass er jetzt wahrscheinlich ein Herrchen ist.

Allerdings unternimmt das Zufallsopfer auch nichts, um diesen Zustand zu ändern. Er ist ein leichtes Opfer. Denn er hat in Wirklichkeit nur auf den Moment gewartet, dass ihn jemand zu seinem Glück zwingt. Und für einen nicht ganz unwesentlichen Punkt, den auch er im Laufe seines Herrchen-Lebens erreichen wird, ist er auch noch extrem gut gerüstet: Für alle Schandtaten und Ungehorsamkeiten des Vierbeiners hat er die passende Ausrede parat: »Ich wollte ja eigentlich gar keinen Hund!« Wie praktisch.

Die Perfektionistin

Sie hat die Kinder gut durchs Kindergartenalter gebracht, sie hat den Haushalt voll im Griff, sie kümmert sich hingebungsvoll um den Gatten – und nun fehlt ihr langsam etwas. Eine neue herausfordernde Wirkungsstätte, in der sie brillieren kann und ihre größten Fähigkeiten zum Einsatz kommen können: Führungsstärke, Liebe, Empathie und gnadenlose Hartnäckigkeit. Und seitdem sie diese Margarine-, Waschmittel- oder Brotbelagwerbung gesehen hat, weiß sie auch, was es sein soll: ein Familienhund, der schwanzwedelnd mit der glücklichen, blondgelockten, lachenden Bilderbuchfamilie durch sonnengereifte Kornfelder rennt, durch Wälder streift und alle fortwährend zum Spielen und Fröhlichsein animiert. Außer am Abend, denn da liegt der zufriedene Hund müde und schützend vor der Couch, und jedes Familienmitglied darf sich die Füße in seinem seidigen, glänzenden Fell wärmen.

Die Perfektionistin schafft sofort einen niedlichen dreifarbigen Border-Collie mit tadellosem Stammbaum an und ist sich sicher, eine hervorragende Wahl getroffen zu haben. Diese Überzeugung bekommt allerdings schnell Brüche. Nur kurze Zeit später zerlegt der von den dreimal täglich anberaumten angeleinten Gassirunden unterforderte Duracell-Hase zum ersten Mal das komplette Wohnzimmer-Mobiliar. Dann beginnt er, seine Tage damit zu verbringen, alles und jeden anzubellen, was sich dem Gartenzaun auf hundert Meter nähert. Er wird zum Schrecken der Nachbarschaft, und alle Kinder beginnen zu weinen, wenn sie ihn sehen. Ins Haus der Perfektionistin traut sich schon lange niemand mehr.

Die Perfektionistin ahnt, dass sie womöglich einen Fehler gemacht hat. Sie ahnt es, was natürlich nicht bedeutet, dass sie es öffentlich zugeben oder gar kapitulieren würde. Ganz im Gegenteil: Mit erstaunlicher Ausdauer steht die Perfektionistin von nun an zwischen anderen Hundebesitzern auf einer Trainingswiese und übt die korrekte Verwendung eines Klickers. Ihre Handtasche riecht von nun an nach alten Wurst- und Käsestückchen. Sie wirft Frisbeescheiben, versteckt Futterbeutel, feilt abends akribisch an ihrer Dogdancing-Choreographie und mausert sich bereits nach wenigen Tagen mit dem exakten Timing an der Abschreck-Wasserflasche zum unangefochtenen Vorzeigeexemplar auf der Trainingswiese.

Denn die Perfektionistin wäre nicht die Perfektionistin, wenn es ihr nicht gelänge, sich erfolgreich durch das harte Programm zu kämpfen und dem Border-Collie Manieren beizubringen. Und am Ende winkt ja auch ein phantastisches Ergebnis: Ihre Kinder kommen der Perfektionistin auf einmal rasend unkompliziert vor – das allein ist ja schon ein ziemlicher Erfolg. Und der Border-Collie ist irgendwann tatsächlich sanft wie ein Lamm. »Schade«, denkt die Perfektionistin insgeheim und denkt über einen Zweithund nach. Vielleicht irgendeiner mit einer richtig schwierigen Vorgeschichte.

Der Kinderlose

Kinder waren irgendwie nie so richtig sein Ding. Zu viele Diskussionen, zu viele Kosten, zu viele Einschränkungen, zu lange Lebensdauer.

Über einen gewissen Erziehungs- und Verhätschelungstrieb verfügt der Kinderlose trotzdem. Und ein Hund ist für ihn der ideale Kinderersatz: Man darf ihn ignorieren, wenn er nervt, er gibt keine klar artikulierten Widerworte, und nach 18 Jahren steht er nicht vor seinem Erziehungsberechtigten und beschwert sich, dass dieser alles falsch gemacht habe. Nein, ganz im Gegenteil: Der Hund schweigt dankbar. Er ist einfach das bessere Kind! Eine Erziehungsaufgabe, bei der man nur bedingungslose Liebe und Dankbarkeit anstatt Drogensucht und Renitenz erntet.

Was in der Theorie funktionierte, wird dem Kinderlosen in der Praxis oft zum Verhängnis. Denn gerade weil der Hund nicht sprechen kann, gibt sich der Kinderlose alle Mühe, jedes Bedürfnis des Hündchens zu erraten und vorauszusehen. Das Ergebnis: Er wird gluckiger als jede Kleinkindmutter und überkompensiert gnadenlos. Er macht sich ständig Sorgen um sein Hündchen, verbringt extrem viel Zeit beim Tierarzt, deutet jede Unregelmäßigkeit als Krankheit und hat ein Zubettgeh-Ritual mit dem Hund entwickelt, bei dem nicht selten auch ein Lied zum Einsatz kommt. Natürlich schläft der Nachwuchs in einem richtigen Hundebett und nicht auf einer schnöden Decke. Beim kleinsten Durchfall werden Kotproben entnommen, Schonkost verordnet und alle Termine in der Woche abgesagt.

Soziale Bindungen – zumindest die mit Nicht-Hundebesitzern – sind eh ein Thema für sich, seit der Hunde-Nachwuchs da ist. Denn das kinderlose Herrchen versteht einfach nicht, warum ihn ein kollektiver Ausdruck des Befremdens umgibt, wenn er inmitten frischgebackener Mütter das Handy zückt, mit verklärtem Grinsen beginnt, die Bilder des acht Wochen alten Dobermanns herumzuzeigen, und anschließend auf einen ähnlichen verbalen Applaus wartet wie die Mütter mit den Säuglingsbildern – meist vergeblich.

In einer Sache immerhin hat der Kinderlose völlig recht: Welpen sehen meistens sehr viel niedlicher aus als frischgeborene Säuglinge …

Der Retter

Natürlich hat es einen gewissen Anschein von Vorsatz, dass der Retter morgens nicht etwa die Autobahn zur Arbeit nimmt, auf der er am schnellsten an sein Ziel gelangt, sondern diejenige, auf der sich laut Hunde-Radar die meisten herrenlos zurückgelassenen Hunde an Raststätten finden. Wäre doch gelacht, wenn sich nicht noch eine arme, zitternde Kreatur an irgendeiner Leitplanke finden ließe, die man retten und in die große, glückliche Familie aufnehmen könnte. Es sind schließlich Sommerferien! Und das Haus ist noch lange nicht voll!

Aber ob er den neuen Schützling auch direkt im Auto transportieren könnte? Immerhin sitzt im Fond schon Lissy, die seit den illegalen Hundekämpfen während ihrer Zeit in

Tschetschenien keinen anderen Hund mehr in unmittelbarer Nähe erträgt. Und im Gepäckraum befindet sich Aaron, der nur lang und breit ausgestreckt auf der Seite liegen kann, seitdem ihn der Schlaganfall vor drei Jahren fast dahingerafft hätte – was natürlich niemals ein Grund für die Einschläferung sein darf.

Zu Hause beherbergt der Retter bereits ein Rudel aufgepäppelte mallorquinische Hunde mit furchtbaren Biographien und noch furchtbareren Marotten, die der Retter allerdings mit buddhistischem Gleichmut erträgt. Und falls ihm nach den Pinkel-Eskapaden des 24-jährigen Pudels doch mal der Kamm schwillt, klickt er sich zur Entspannung durch die Internet-Seiten von Hunderettungsorganisationen. Dort stockt er dann meist irgendwann, fragt sich für einen kurzen Moment, wo eigentlich genau der Übergang von Tierliebe zu Animal-Hoarding beginnt, denkt dann aber gleich so etwas wie: »Mist, dieser schwarze Kleine da, der hat so liebe Augen! Nur den noch, danach hör ich auf.«

Der Retter ist charakterlich natürlich eigentlich eine glatte Eins. Trotzdem ist seine (Menschen-)Familie bald heillos genervt. Überall sind Hunde, und der Retter ist als Privatperson kaum noch verfügbar. Ständig hat er ein Tier um sich, das sich nur von ihm allein streicheln lässt oder das per Hand aufgezogen werden muss. Oder er leitet gerade eine Unterschriftenkampagne.

Als der Retter versöhnlich mal wieder einen Familienausflug am Sonntag vorschlägt, denkt der Ehepartner ernsthaft über Scheidung nach. Denn der Retter hat als Ziel unschuldig flötend das örtliche Tierheim vorgeschlagen. Da ist nämlich Tag der offenen Tür.

Ein Hund passt einfach zu ihm. Allein schon optisch! Das Mode-Herrchen, oft ein ziemlich gutaussehender oder zumindest ziemlich gut zurechtgemachter Mensch, kauft sich einen Hund, der momentan irgendwie angesagt ist. Er sieht sich an der Seite eines ähnlich attraktiven Dalmatiners (in den 90ern), er passt hervorragend zu einer Französischen Bulldogge (2000er), oder er braucht dringend einen Mops, um seine Loriot-Anhängerschaft zu unterstreichen (seit 2011)! Mag auch sein, dass dem Mode-Herrchen der Mainstream zwar egal ist, es sich aber plötzlich schockverliebt in das Bild des beige-schwarzen Yorkshireterriers, der so hervorragend zum eigenen beigefarbenen Wollmantel passt.

Das Mode-Herrchen nimmt den Hund vor allem als kleidsames Accessoire wahr. Ein unglücklicher Zufall will es, dass er sich dabei oft nicht für die genügsamsten Hunderassen entscheidet, sondern gern für deren Gegenteil. Schnell und ernsthaft schockiert muss das Mode-Herrchen schließlich feststellen, dass er sich mit dem modischen Gadget ein echtes Lebewesen ins Haus geholt hat! Gerade dem Welpenalter entwachsen, weigert sich der Jack-Russell-Terrier plötzlich mit Zähnen und Verrenkungen, sich weiterhin in einer Handtasche transportieren zu lassen. Der Dalmatiner wird plötzlich ziemlich ungemütlich, wenn er neben seiner unglaublichen Schönheit nicht auch seine unglaubliche physische Ausdauer unter Beweis stellen kann. Und der Yorkie scheidet mittlerweile fast wöchentlich wegen von ihm selbst angezettelter Prügeleien mit größeren Hunden fast aus dem Leben.

Das Mode-Herrchen reagiert daher geradezu wie im Angesicht einer Gotteserscheinung, als es zum ersten Mal einen

Kleintransporter vor dem Wald halten sieht, auf dem »Auslaufservice« steht. Kurze Zeit später ist der Hund des Mode-Herrchens mindestens sechsmal die Woche in den professionellen Händen des Auslaufservice, inklusive Abhol- und Lieferdienst. Das Mode-Herrchen erfreut sich seitdem eines lebenslustigen, ausgepowerten Hundes, der ihn zwar meist nicht wiedererkennt, aber dafür immerhin in der Handtasche friedlich den Schlaf der Gerechten schläft. Natürlich ist das Ganze ziemlich teuer. Aber so viel sollte einem der eigene Stil schon wert sein, findet das Mode-Herrchen.

Was allen Hundebesitzern gemein ist: Jeder kennt die genannten Herrchen-/Frauchen-Typen, aber keiner würde sich selber zu einem dieser Typen zählen. Das ist völlig normal. Denn zum Wesen des Hundebesitzers gehört an erster Stelle die unumstößliche Überzeugung, bei sich selber und dem eigenen Hund handele es sich um einen absoluten Sonderfall und die eigene Beziehung zum Tier sei mit keiner anderen Herrchen-Hund-Verbindung auch nur annähernd vergleichbar.

Auch ich ticke so. Ich bin mir hundertprozentig sicher, dass niemand so ein spezielles Hund-Mensch-Verhältnis hat wie Emma und ich. Niemand!

Nicht nur das eigene Verhältnis zum Hund wird als etwas ganz Besonderes empfunden, sondern auch der eigene Hund an sich. Denn man ist nicht verblendet von Hunden im Allgemeinen. Man ist durchaus in der Lage, zu erkennen, dass der Spitz aus dem dritten Stock ein übles Stinktier mit mittelprächtigem Benehmen ist. Ebenso sind auch alle Spleens und Eigenarten beim eigenen Hund sehr viel süßer als bei dem räudigen Schäferhund aus dem ersten Stock oder bei dem übergewichtigen Pitbull aus dem Erdgeschoss.

Für den eigenen Hausgenossen hat man eine Palette an Erklärungen zur Hand, um schlechtes Verhalten zu rechtfertigen oder sogar zu verklären. Bei fremden Hunden hingegen kennt das Mitgefühl Grenzen. Der Beagle von den Müllers bellt manchmal Menschen an? »Was für eine doofe, unerzogene Töle!« Emma bellt manchmal Menschen an? »Moment, das macht sie nur im Dunkeln, und auch dann nur bei seltsamen Männern, die ich auch anbellen würde, wenn ich ein Hund wäre. Außerdem hat das bei ihr was mit Unsicherheit zu tun und nicht mit Boshaftigkeit. Verstanden?«

Was für einer soll es denn nun sein?

Dass ich irgendwann mal einen Hund haben wollte, war für mich schon immer klar. Und was für einen ich haben wollte, entschied sich ebenfalls schon ziemlich früh und sehr eindeutig. Denn mit 13 Jahren hatte ich meinen ersten Job: Hundesitter. Allerdings ohne Bezahlung. Denn jedem war klar, dass ich im Zweifelsfall sogar noch Geld dafür draufgelegt hätte, den Golden Retriever unserer Nachbarn in Datteln spazieren führen zu dürfen – was ich nunmehr regelmäßig tat. Meine Eltern, das eigene Schäferhund-Fiasko im Hinterkopf, meinten, ich solle erst mal gucken, wie anstrengend so ein Hund sei, bevor wir darüber auch nur diskutieren würden, uns selber erneut einen anzuschaffen.

Im Nachhinein betrachtet war das ein ziemlich billiger Trick meiner Eltern und der Nachbarn. Denn die Nachbarn sparten sich so die Gassirunden mit ihrem Bobby, und meine

Eltern, für die ein eigener Hund in Wirklichkeit nie wieder in Frage gekommen wäre, waren sich sicher, dass ich durch die langweiligen, zermürbenden Spaziergänge irgendwann von selbst darauf käme, dass ein Hund nichts für mich sei, und ich mich wieder sinnvolleren und spannenderen Hobbys zuwenden würde.

Doch das passierte nicht. Im Gegenteil: Das Gassigehen machte mir Spaß. Ich liebte die Stunden mit Bobby, der damit manchmal auch ein kleines bisschen mein Hund war. Wenn ich auf der Straße gefragt wurde, behauptete ich natürlich immer, er gehöre zu mir.

Der Golden Retriever unserer Nachbarn war ein Rüde mit wunderschönem Fell und einem dicken Kopf. Und er erwiderte meine grenzenlose Liebe. Denn schließlich ging er jedes Mal, wenn ich mich dem Haus der Nachbarn näherte, schon am Gartenzaun so ab, als sei er ein 13-jähriges Mädchen und ich Justin Bieber – unkontrolliertes Springen, lautes Jubeln, ohnmachtsnahe Erregung, völlige geistige Verwirrung. Ich war im siebten Himmel. Damals wusste ich noch nichts vom retrievertypischen unverwüstlichen »Will to please« (den böse Zungen auch gerne mit »treudoof« übersetzen, der aber eigentlich nur dafür steht, dass Golden Retriever den Menschen – zumindest denen, die sich einigermaßen regelmäßig mit ihnen beschäftigen – einfach unbedingt gefallen wollen). Deshalb bezog ich diese grenzenlose Freude auf mich ganz persönlich. Der Hund liebte mich allein! So wie ich ihn!

Bis ich eines Besseren belehrt wurde: Irgendwann nämlich sah ich einmal, wie ein anderer Mensch sich dem Zaun der Nachbarn näherte. Bobby führte den gleichen atemlosen Freudentanz auf, wie er es sonst bei mir tat. Ich durchlebte meinen ersten Liebeskummer.

Aber es war zu spät, um umzuschwenken: Ich wollte auch so einen Hund haben. Dringend! Und nach diesem Erlebnis war es umso wichtiger, dass es mein eigener Hund sein sollte. Doch meine Eltern blieben hart. Seitdem träumte ich von einem Golden Retriever.

Dass diese Rasse mit dem schönen langen Fell, den großen, dunklen, treuen Augen und den Teddy-Pfoten außerdem noch unumstritten die schönsten Exemplare der Hundewelt hervorbringt, war natürlich eine willkommene Begleiterscheinung, aber nicht der Hauptgrund meiner Präferenz. Ich mag vor allem die sanfte Art der Retriever. Ich mag das Besonnene, das Ruhige, das Harmonische, das Liebe an ihnen – und ja, ich mag auch das Treu(doof)e.

So oder so: Der Golden Retriever passt zu mir. Zumindest meiner. Emma und ich haben nämlich im Grunde die gleichen Hobbys: Essen, Freunde treffen, Joggen, auf der Couch sitzen, Leute beobachten. Unterscheiden tun wir uns in Sachen Gelassenheit, Geduld und Gehorsam. Es hat nach meiner Hundesitterzeit einige Jahre gedauert, bis Emma tatsächlich bei mir einzog, aber mit der Wahl des Golden Retrievers habe ich für mich persönlich absolut recht behalten.

Doch man kann auch Pech haben. Etwa dann, wenn man sich einen Foxterrier anschafft, weil man kleine Hunde für unkomplizierter hält, und dann sein blaues Wunder erlebt. Oder wenn einem Jagdhunde so gut gefallen, obwohl die Töchter doch gerade diese zwei Kaninchen zu Weihnachten bekommen haben. Die Rasse des Hundes, den sich das zukünftige Herrchen anschafft, will gut ausgewählt werden, denn schließlich geht es um nicht weniger als den allerengsten Teamkollegen für die nächsten Jahre, der einem im schlimmsten Falle konsequent ins Schlafzimmer, zum Kühlschrank und sogar auf die

Toilette folgt und mit dem man nicht einfach Schluss machen kann, wenn einem der Charakter doch irgendwann zuverlässig auf den Zeiger geht.

Man kann sich also eine Menge Stress ersparen, wenn man sich beizeiten Gedanken darüber macht, welcher Hund zu einem passen könnte. Als kleine, unrepräsentative Hilfestellung hier eine Auswahl typischer Hunderassen mitsamt ihren ebenso typischen Herrchen. Oder anders formuliert: Was für Leute kaufen sich eigentlich was für einen Hund? Wer passt zu wem?

Der Mops

Der Mops erfreut sich einer treuen Fangemeinde und ist – geschlechts- und altersunabhängig – eine Art kauziger, feiner, zu Scherzen aufgelegter Herr mit Schnarchproblem und oft verstörend menschlicher Mimik, weswegen er häufig mehr als Freund denn als Hund wahrgenommen wird. Auslaufdauer und -frequenz sind dem Mops im Grunde egal, was nicht bedeutet, dass man sich nicht mit ihm beschäftigen muss. Denn der Mops steht außerordentlich gerne im Mittelpunkt und fordert oft die gesamte Aufmerksamkeit des Herrchens ein.

Einen Mops kaufen sich Leute, die eigentlich mit Hunden nicht viel am Hut haben. Denn ein Mops ist ja bekanntlich gar kein Hund – er ist viel mehr als das! Da sind sich alle Mopsbesitzer einig. Doch während sie deswegen von anderen Hundebesitzern oft belächelt werden, ist genau diese Eigenschaft des Mopses, anders als andere Hunde zu sein, für sie eine herausragende Qualität. Einen »normalen« Hund kann ja schließlich jeder.

Mops und Mopsbesitzer gehen oft geradezu symbiotische Beziehungen ein. Der typische Mopsbesitzer spricht sehr viel über und mit seinem Hund. Er ist – naturgegeben – Loriot-Fan und setzt an den Hund völlig andere Maßstäbe als alle anderen Hundebesitzer. Der Mops kommt nicht, wenn man ruft? Natürlich nicht, er ist doch kein devoter Vollidiot! Er räumt auch dann den eigenen Lieblingsplatz auf der Couch nicht, wenn man sich bereits mit etwa 20 Kilo seines eigenen Körpergewichts auf ihn stützt? Hallo?! Dann setzt man sich halt ein Stück weiter weg! Er verweigert die Nahrung, weil gerade das Rinder-Carpaccio aus ist? Klar, man isst ja schließlich auch nicht alles! Kluger Hund!

Nicht nur der Mops, sondern auch der Mopsbesitzer tendiert zur Affektiertheit. Da können Hunderatgeber (die er natürlich nie lesen würde) noch so vieles behaupten – er weiß ganz genau, was seinem Hündchen mit dem Kindergesicht guttut. Und das ist vor allem eine stabile Beziehung, die nicht zwischen Mensch und Tier unterscheidet. Klar, dass er seinen Mops auch nie allein vor dem Supermarkt lassen würde. Völlig selbstverständlich stolziert das Herrchen stattdessen mit seinem Tier in den Laden – und wird dafür noch nicht mal belangt. Denn insgeheim hat jeder akzeptiert, dass für den Mops und seinen Hofstaat ganz eigene Regeln gelten.

Der Jagdhund

Für einen Jagdhund muss man gemacht sein. Und das ist der typische Jagdhundbesitzer auch. Er ist ein harter Knochen – ein konsequenter, strenger Typ mit Schnauzbart und gigantischen Führungsqualitäten. Die hat er im Laufe seiner langen Herrchenjahre zementiert, denn ohne Konsequenz geht beim Jagdhund schon mal gar nichts. Keine Ausreißer! Keine kleinste Unachtsamkeit! Diese Einstellung betont der Jagdhundbesitzer gebetsmühlenartig gegenüber allen anderen Hundebesitzern. Und sie darf als Entschuldigung dafür dienen, dass er zuweilen dazu neigt, seinen einsilbigen Befehlston auch abends am Esstisch seiner Frau gegenüber aufrechtzuerhalten, während er sich von seinem harten Tag an der frischen Luft erholt.

Der Jagdhundbesitzer steht einen Großteil seines in aller Herrgottsfrühe beginnenden Tages in einem bodenlangen, olivenfarbenen Wachsmantel im Nebel auf freiem Feld und bläst in strengem Stakkato in eine Hundepfeife, woraufhin seine drei Deutsch Drahthaar innerhalb von Sekunden Gewehr bei Fuß stehen und den Wachsmantelmann schwanzwedelnd und hochkonzentriert anhimmeln, der sie allerdings keines Blickes würdigt. Sie sollen schließlich spüren, wer hier das Sagen hat.

Für den Jagdhundbesitzer ist der Hund nichts anderes als ein Arbeitstier. Müde lächelt er über die liebevollen Aufforderungen anderer Hundebesitzer zum Pfötchengeben, über Fahrradkörbe für Schoßhündchen und über Gelenkmassagen nach getaner Gassirunde. Der einzige Körperkontakt, den er in der Regel mit seinen Hunden pflegt, ist dann und wann ein liebevoller Klaps auf die Flanke des Tiers nach getaner Fährten- und Hetzarbeit. Dann muss aber auch wieder Schluss sein mit der Rührseligkeit, sonst verweichlichen die Tiere noch.

Den Tieren geht es übrigens prächtig dabei. Denn sie sind von ähnlichem Kaliber.

Den typischen Besitzer dieses kleinen, wurstförmigen Tieres gibt es nicht. Böse Zungen würden behaupten, dies sei vor allem darauf zurückzuführen, dass es für den Jack-Russell-Terrier überhaupt keinen passenden Menschen gibt. Denn es müsste einer sein, dessen Beruf sich im Bereich des Outdoor-Military-Reitsports bewegt, der in seiner Freizeit Unterstützung bei der Kleintierjagd braucht, zur Abendentspannung gerne Wurststücke in seiner Wohnung versteckt und dessen liebste Wochenendbeschäftigung nicht in Diskotheken, sondern beim Dogdancing stattfindet. Wenn zwischendurch noch etwas Zeit bleibt, könnte man sich noch einem Wanderzirkus anschließen, um Tricks aufzuführen – ein Satz durch einen brennenden Reifen etwa wäre überhaupt kein Problem. Oder ein Kamikazesprung aus einem Hochhaus. Denn den freien Fall hat der Jack Russell bereits neulich trainieren wollen, als ihm ein Leckerli von der Autobahnbrücke gefallen war und er keinerlei Hemmungen zeigte, todesmutig hinterherzuspringen. Nur die strenge Hand im Genick hielt ihn in letzter Sekunde zurück. Von Dankbarkeit natürlich keine Spur, er hätte es schließlich problemlos überlebt, oder? Notfalls halt mit nur noch drei Beinen …

Bei der Jack-Russell-Anschaffung finden die meisten Fehleinschätzungen statt. Denn der lustige kleine Terrier ist in Wirklichkeit ein größenwahnsinniger Riese mit gigantischer Profilneurose und schwerem ADHS – alles gleichzeitig. Natürlich möchte der Besitzer, der eben noch lässig abgewunken und geprahlt hat, er werde sich doch von so einer unförmigen Hunde-Wurst nicht den Alltag bestimmen lassen, lange nicht zugeben, dass genau dies geschieht und er mit dem Köter völlig überfordert ist. Erst nachdem der Jack-Russell-Terrier das zweite Mal ein Rudel Pitbulls aufgemischt hat, knickt das Herrchen langsam ein. Die Reizangel (eine Angel, an der ein als Beute getarntes Gummitier hängt) hat der Irrwisch freilich schon nach ihrem zweiten Einsatz wütend kaputtgebissen, bevor er sich den Rest des Tages damit beschäftigte, sich unter dem Gartenzaun hindurch einen Weg raus aus der zivilisierten Ödnis hinein in die Freiheit zu buddeln.

In kurzen Schlafphasen schaut der Besitzer seinen Hund dann doch mit einer Art liebevollem Staunen an. Wie friedlich und niedlich er ist! Und diese großen Ohren! Wie süß er aussieht, wenn er sich mal mit geschlossenen Augen auf dem Boden und nicht mit wildem Blick im Sprung auf der eigenen Augenhöhe befindet. Doch der Moment des verklärten Innehaltens währt nur kurz, denn dem Besitzer wird schnell bewusst: Der Hund schläft gar nicht. Nein, er lädt gerade seine Akkus auf, um danach wieder voll durchzustarten. Angst macht sich breit. Der Besitzer hofft auf schnell eintretende Altersmilde des Terriers. Und ahnt doch, dass ihn eher der Altersstarrsinn treffen wird.

Der Chihuahua

Männer zieren sich gelegentlich bei der Anschaffung kleiner Hunderassen. Beliebte Aussage in diesem Zusammenhang: »Das ist doch gar kein richtiger Hund!« Der Satz sollte korrekterweise aber lauten: »Der sieht doch gar nicht aus wie ein richtiger Hund.« Denn das Erscheinungsbild trügt, wie so oft in der Hundewelt: Die größten Hunde sind phänotypisch gerne mal die kleinsten – und umgekehrt. So auch beim Chihuahua, dieser Zwei-Kilo-Miniatur.

Infolge dieser männlichen Fehleinschätzung ist der Chihuahuabesitzer meistens eine Frau. Dazu gern eine, die den Hund ebenfalls verkennt und der es in erster Linie darum geht, einen kleinen, schutzbedürftigen, mäusegesichtigen Hund mit sich herumzutragen. Sie würde das natürlich nie zugeben und auf diese Unterstellung empört erwidern, sie sei gezwungen, ihr Hündchen auf den Arm zu nehmen, wenn sich ein Schäferhund in unzweifelhaft drohender Aggressionspose nähert und ihr zitterndes Accessoire in Angst und Schrecken versetzt.

Was sie dabei verkennt oder verkennen will: Der Kleine zittert nicht vor Angst. Er zittert vor Erregung und Angriffslust. Dass Chihuahuas in Wirklichkeit nämlich ziemlich selten verängstigt, dafür aber erstaunlich kriegerisch und provokant sind, ignoriert die Dame geflissentlich.

Obwohl sie es eigentlich wissen müsste. Frauchen und Chihuahua sind sich nämlich oft ziemlich ähnlich und werden sich im Laufe ihrer gemeinsamen Jahre sukzessive immer ähnlicher. Eine fast unüberwindbare Front bilden sie, wenn sie gemeinsam auf dem Sofa thronen, der Chihuahua aufrecht sitzend und hegemonial an sein dauerstreichelndes Frauchen gelehnt und mit wachem, allen Eindringlingen gegenüber nicht unkrawalligem Blick die Umgebung überwachend. Hündchen und Frauchen bestechen durch die Kombination von harmlosem Erscheinungsbild und einer großen Portion Hartnäckigkeit und Chuzpe. Der Chihuahua und sein Weibchen lassen sich von niemandem die Butter vom Brot nehmen. Das müssen sie in aller Regel auch nicht. Ein einfaches vorwurfsvolles »Er hat aber angefangen« haben sie schon immer äußerst glaubwürdig verkauft. Und wer will schon einem Chihuahua ernsthaft die Schuld für irgendetwas geben?

Der Berner Sennenhund

Der Berner Sennenhund hat ein echtes Problem: Er leidet am »Schaf-im-Wolfspelz-Syndrom«. Denn hinter seinem imposanten Erscheinungsbild versteckt sich ein winziges, extrem liebesbedürftiges Schoßhündchen. Und der Berner Sennenhund gibt sich alle Mühe, diese Tatsache auch jedem zu beweisen. Was gleich sein nächstes Problem herbeiführt: Je mehr der Berner Sennenhund lustig herumspringt, Gesichter abschleckt, auf dem Schoß sitzen will, freudig bellt oder auch nur wohlig brummend auf dem Boden liegt, desto verhaltener fällt die Reaktion der zu überzeugenden Menschen aus.

Der Besitzer des Berner Sennenhunds hat den wahren Charakter seines Hundes erkannt und dermaßen verinnerlicht, dass er zur Verharmlosung neigt und oft keine Veranlassung sieht, die entfesselte 50-Kilo-Liebesmaschine zur Räson zu rufen und den verschreckten Spaziergänger aus der innigen einseitigen Umarmung zu befreien. *Mein Gott, es ist doch nur ein Hündchen! In was für eine Welt kämen wir denn, wenn nun auch noch Liebe rationiert würde?*

Ohnehin handelt es sich bei Berner-Sennenhund-Besitzern um recht entspannte Typen, die sich von tischtenniskellengroßen Pfotenabdrücken auf dem weißen Hemd nicht aus der Ruhe bringen lassen. Er hat es ja schließlich nicht böse gemeint. Nur manchmal, wenn das Herrchen unter dem Gewicht seines Schoßhündchens auf dem Fernsehsessel in

Atemnot gerät, bemerkt er, dass in die Hülle seines Hundes etwa 30 echte Schoßhündchen passen würden.

Der Rauhaardackel

Oft registriert der Besitzer die Augenfarbe seines Dackels erst nach vielen Jahren – weil die Nase des Tieres stets zuverlässig wenige Zentimeter über dem Boden hängt und schnüffelt. Der Dackel ist die Nemesis aller Ordnungsfanatiker. Er ist die fleischgewordene Unerziehbarkeit. Der Dackel läuft in Schlangenlinien an einer drei Kilometer langen Flexi-Leine durch den Park und kreiert dadurch mobile Stolperfallen. Er hat keine Hemmungen, das herablassende Tätscheln argloser Passanten mit einem jähen Schnappen zu beenden. Er bringt mit spontanen Richtungswechseln Jogger und Spaziergänger zu Fall und zwingt Radfahrer zu dramatischen Auffahrunfällen. Kurzum, der Dackel zieht eine Spur der Verwüstung hinter sich her.

Dies alles ist übrigens niemandem gleichgültiger als dem Dackel, der nach jedem Desaster völlig ungerührt seinen Weg fortsetzt und schnüffelnd im Unterholz verschwindet. Nicht ganz so egal ist es dem Dackelbesitzer, dessen Kontostand durch regelmäßige Schadenersatzforderungen dezimiert wird und dessen Terminkalender oft nur noch Makulatur ist.

Doch verfügt der Dackelbesitzer über eine unschätzbare Eigenschaft: einen beneidenswerten Stoizismus. Darin trifft er sich mit seinem Dackel. Gerade weil die beiden einer Menge Kritik ausgesetzt sind, reagieren sie auf diese desinteressiertmürrisch, und wer ihnen zu doll auf die Nerven geht, zerschellt vollständig am Bollwerk ihrer Ignoranz. Sie meckern dann unmotiviert und gehen weiter, zur Not schnappt der Dackel auch mal kurz zu.

Eine gleichgültige Beziehung? Keinesfalls. Denn Dackel und Herrchen suchen sich ihre Partner sehr genau aus. Zueinander haben sie ein extrem enges Verhältnis. Es versteht nur keiner. Aber das ist ihnen egal.

Der Schäferhund

Der Schäferhund ist seinem Herrchen wahnsinnig treu ergeben. Und genau das bekommt er auch zurück. Schäferhund und Besitzer wirken oft wie miteinander verschmolzen. Sie lassen aufeinander absolut nichts kommen. Meist handelt es sich bei Schäferhundhaltern um Ehepaare mittleren Alters, die eine Gartenlaube besitzen, gern ganzjährig grillen und sich in einem Interessenverein für Schäferhunde kennen- und lieben gelernt haben. Und die niemals, wirklich niemals, eine andere Hunderasse akzeptieren würden. Denn wer einmal die Demut und die bedingungslose Liebe eines Schäferhunds erlebt hat, kann nie mehr dahinter zurück. Schäferhundbesitzer haben zuweilen sogar Probleme, andere Hunde überhaupt als vollwertige Gattungsvertreter anzuerkennen.

Genau hier liegt aber auch oft das Problem. Denn Schäferhund und Besitzer neigen dazu, jeden doof zu finden, der diese Einstellung nicht mit ihnen teilt. Und das sind natürlich viele. Ziemlich viele sogar. Denn den allerbesten Ruf genießt der Schäferhund leider nicht. Sein oft zweifelhafter Ruf ärgert die Besitzer wiederum maßlos, weswegen sie in Konfliktsituationen oft zur Verharmlosung des eigenen Hundes neigen. Kommt etwa der Schäferhund mit riesigem, zur Bürste aufgestelltem Nackenhaar und fixierendem Blick auf den Rehpinscher des Nachbarn zugeschlichen, winken sie ab und sagen, die Hunde würden das schon untereinander regeln und es bestehe keinerlei Handlungsbedarf. Denn in Wirklichkeit tut ihr Rex dem Fiffi natürlich tatsächlich nichts (auch wenn die Schäferhund-Besitzer insgeheim voll und ganz hinter Rex stünden, wenn er dieser Fußhupe mal richtig einen mitgeben würde ...). Protestiert das Rehpinscher-Herrchen trotzdem und bittet höflich darum, den heranschleichenden Schäferhund zurückzurufen, ist man sich nicht sicher, ob das Schäferhund-Herrchen nicht auch plötzlich solidarisch sein Nackenhaar aufstellt. Eins muss man ihm immerhin lassen: Ruft das Herrchen, kommt der Schäferhund meist auch sofort.

Der »Kampfhund«

Schon beim Begriff »Kampfhund« ist der Kampfhundeliebhaber sofort auf 180. Denn natürlich hat diese begriffliche Pauschalisierung seinem vierbeinigen Begleiter ein absolutes Negativ-Stigma verpasst. Sicher weiß fast jeder, dass das Problem der auffälligen Hunde meist am anderen Ende der Leine zu finden ist. Aber dennoch: Die theoretische Beißkraft eines Staffordshire-Terriers schüchtert nun mal mehr ein als die Aussicht darauf, von einem wütenden Zwergpudel beim Joggen in die Wade geschnappt zu werden.

Nicht nur der kompromittierende Name »Kampfhund« hat zum Imageproblem von Pitbull-Terrier und Co. geführt. Seitdem er von halbstarken Proleten als beliebtes Mittel zur kosten- und schmerzgünstigen Penisverlängerung verwendet wird, hat der Kampfhund endgültig bei vielen Menschen an

Sympathie verloren. Zugegebenermaßen ist es ein ziemlich respekteinflößendes Bild, wenn ein Herrchen einen nur aus Muskeln bestehenden Hund mit der Kopfgröße eines Medizinballs an einer lächerlich dünnen Leine vorbeiführt und sich sofort die Fußgängermenge teilt. Das Gespann umgibt der Nimbus des Gefährlichen, des Unangreifbaren, des Mutigen. Dieser Hund ist theoretisch zu allem in der Lage.

Allerdings auch oft nur theoretisch. Denn verantwortungsbewusste Besitzer von Listenhunden (von Hunden also, die auf Rasselisten als potentiell gefährlich eingestuft werden) schwören auf deren Charakterstärke und grenzenlose Sanftheit. Ihre Besitzer sind oft Anwälte der Ausgegrenzten, Liebhaber von denen, die sonst keiner liebhaben will. Je schlechter das Image des jeweiligen Hundes, desto größer das Bestreben seines Besitzers, zu beweisen, um was für einen lieben Hund es sich bei seinem »Tyson« handelt – eine Art Bringschuld, beweisen zu müssen, dass niemand Angst zu haben braucht. Der Besitzer trägt daher zuweilen eine fast unangenehme Nähe mit dem Tier zur Schau, lässt es überall auf seinem Schoß sitzen oder sich kichernd das ganze Gesicht ablecken.

Der Mischling

Der Mischling wird von vielen Menschen mit einem Faible für markige Sprüche gerne als »Senf-Hund« bezeichnet. Weil jeder mal sein »Würstchen« reingehalten hat.

Mischlingsbesitzer müssen über ein gewisses Maß an Spontaneität verfügen, denn sie entscheiden sich bei ihrem Hund für eine Wundertüte – charakterlich und optisch. Und selbst wenn man weiß, was für Rassen bei der Paarung mitgewirkt haben, ist noch lange nicht klar, wer davon sich in welcher Ausprägung durchsetzen wird.

Weil der Mischlingsbesitzer also schon im Vorfeld so viele Unwägbarkeiten in Kauf genommen hat, ist er zumindest bei einer Sache ganz sicher: Der Mischling wird in jedem Fall ein besserer Hund sein als jeder Rassehund.

Mischlingsbesitzer rühmen sich oft mit der eigenen Bescheidenheit und belächeln das prätentiöse Gehabe der Rassehundebesitzer, die sich für teures Geld völlig überzüchtete, arrogante, überempfindliche Tiere anschaffen, die nach spätestens acht Jahren wegen Hüftdysplasie eingeschläfert werden müssen, während die Mischlinge – gleich alt, aber noch quietschfidel und charakterlich eh tausendmal hochwertiger – ihr Leben in vollen Zügen genießen.

Der Mischlingsbesitzer macht sich nichts aus Äußerlichkeiten, betont genau diese hehre Einstellung zuweilen aber etwas zu oft. Auch die interessante Optik der Mischlinge hebt er häufig hervor, ignoriert dabei aber konsequent die Tatsache, dass sich bei Mischlingen oft nicht die schönsten Kombinationen miteinander verpaart haben. Natürlich gibt es diese phantastisch anmutige Mischung aus Magyar Vizsla und Weimaraner. Aber mindestens genauso oft war es nun halt doch der Bullterrier, der den Zwergspitz vom Nachbarn geschwängert hat. Oder der Labrador den Rauhaardackel. Oder der Jack-Russell-Terrier den Pekinesen. Heraus kommen dabei Kreaturen mit unmöglichen Bein-Rumpf-Proportionen oder winzigen Köpfen mit riesigen Fledermaus-Ohren. Nicht schön, dafür aber wahnsinnig charmant – da immerhin muss man dem Besitzer recht geben. Und ein Gesprächsthema kriegt man mit dem Mischling gleich gratis dazu.

Assessmentcenter beim Rassezüchter und Tierheimbesuche – und wie ich Emma doch noch bekam

Mit der Hundeanschaffung ist es so ähnlich wie mit dem Kinderkriegen: Es gibt keinen perfekten Moment. Es tut sich nie plötzlich ein ideales Zeitfenster auf, das es einem erlaubt, sich mal kurz mehrere Monate nonstop um einen verwirrten acht Wochen alten Welpen zu kümmern oder um einen erwachsenen, bereits durch verschiedene Hände gereichten Hund, der nun nach Möglichkeit seine endgültige Bleibe gefunden haben soll. Es passt nie. Man muss es irgendwann einfach machen oder halt bleibenlassen. Nein, natürlich ist eigentlich nur die erste Variante eine Option: Man muss es irgendwann einfach machen.

Ich hatte mich jahrelang mit den diversen Gegenargumenten herumgeschlagen: Ich habe eigentlich viel zu wenig Zeit für einen Hund. Was tu ich, wenn ich spontan bis fünf Uhr morgens ausgehen will? Was mache ich überhaupt, wenn ich verreisen möchte? Und was so ein Hund alles kostet: Tierarzt, Futter, Babysitter, Spielzeug, Hundesteuer! Und was ist, wenn der Hund überhaupt nicht so will wie ich? Oder wenn ich den Hund nicht leiden kann? Oder er mich nicht leiden kann?

Fragen über Fragen, eine skeptischer als die andere. Irgendwann hatte ich alle Contras über Bord geworfen, war überglücklich mit meiner Entscheidung – und saß sofort einem großen Irrtum auf: Ich dachte, sobald ich die Entscheidung für den Welpen getroffen hätte, würde ich maximal drei Anrufe benötigen und drei Tage später Frauchen sein. Ich dachte, man müsse sich nur melden, und schon würden diverse Züchter mir den roten Teppich ausrollen und eine exzellente Auswahl verschiedener Welpen präsentieren, von denen ich mir nur noch einen aussuchen müsste. Die Züchter prügeln sich um Menschen, die sich entschließen, bei ihnen einen Hund zu kaufen, so meine Vorstellung. Die einzige Schwierigkeit dabei würde sein, dass ich nur einen nehmen dürfte und die anderen entzückenden, winzigen, tapsigen Tierchen zurücklassen müsste.

Eine sehr naive Herangehensweise, wie ich später feststellen sollte. Denn wir reden schließlich vom besten Freund des Menschen. Und der wird einem nicht einfach so in die Hand gedrückt – oder zumindest nur von Verbrechern, die Hunde wie am Fließband zu Schleuderpreisen verscheuern und von denen man Abstand nehmen sollte, auch wenn einem jeder einzelne dieser Hunde wahnsinnig leidtut und man ihm ein anderes Schicksal wünscht. Viele Züchter, vor allem die, die ihre Hunde wirklich lieben, schauen hingegen sehr genau, wer zu wem passt, und nicht einfach nur danach, wer bereit ist, dafür eine Stange Geld hinzulegen (meine Vorstellung davon, was ein Golden Retriever kostet, wurde übrigens gleich zu Beginn deutlich gesprengt …).

Es ist gut, dass das so ist. Eigentlich. Aber für ein aufgeregtes, hibbeliges Beinahe-Frauchen, das unbedingt und so schnell wie möglich einen Welpen haben will, ist es die Hölle. Ausgefeilte Fragebögen, mehrere Bewerberrunden, Fragen zu persönlichen Stärken, Führungsqualitäten und Vorerfahrungspalette, anschließend das quälende Nachdenken darüber, ob man wirklich alles gegeben hat und ob es reichen wird, schließlich das Hoffen auf den erlösenden Anruf, der die Zusage bringt … Was nach den Auswüchsen der modernen Arbeitswelt klingt, in der sich tausend hochqualifizierte Bewerber um einen Job prügeln, hat auch in der professionellen Hundezucht Einzug gehalten. Wer einen gesunden, gepflegten, gutsozialisierten Welpen haben will, muss sich zuweilen so anstrengen, als bemühe er sich um den Vorstandsposten eines mittelständischen Unternehmens.

Als ich die Golden-Retriever-Züchterin in Hamburg anrief und erwartete, mit offenen Armen empfangen zu werden, reagierte sie mit einem ziemlich schnodderigen »Klar habe ich Welpen. Neun Stück sogar. Auf vierzig Bewerber.« Immerhin: Ich durfte vorbeikommen.

Ich bereitete mich auf das Treffen vor wie auf ein Bewerbungsgespräch. Zu Recht, wie sich herausstellte. Denn die Züchterin stellte nicht nur Fragen zu meinem Freizeitverhalten, sondern auch zu Größe und Beschaffenheit meiner Wohnung, zu meiner privaten Situation, danach, wie lange ich mit dem Hund täglich spazieren gehen wolle, wie ich die Freizeit meines Hundes ansonsten zu gestalten gedenke, sowie zu meinen eigenen Zukunftsplänen – beruflich und privat.

Normalerweise hätte ich der übergriffigen Frau einen Vogel gezeigt, ihr mehr oder weniger höflich zu verstehen gegeben, dass all diese Dinge sie überhaupt nichts angingen, wäre gegangen und hätte einen mallorquinischen Mischling aus einer Tötungsstation gerettet. Aber das ging aus einem ganz bestimmten Grund nicht: Ich hatte Emma gesehen.

Emma saß pummelig und wackelig im Garten der Züchterin. Sie sah kaum anders aus als ihre acht Geschwister, allesamt unglaublich niedliche, tapsige, flauschige Retriever-Welpen, jeder für sich ohne weiteres prädestiniert als Testimonial für eine Weichspülerwerbung. Emma war etwas schmaler im Gesicht als die anderen. Eigentlich hatte ich mir seit Nachbarshund Bobby ja immer einen Hund mit dickem Kopf gewünscht, aber das war mir plötzlich egal. Etwas weißer als die anderen war sie womöglich auch. Doch das war nicht ausschlaggebend. Ich entschied mich erst, als es während meines Besuchs plötzlich anfing zu regnen. Die Welpen wuselten aufgeregt durcheinander. Nur Emma nicht. Emma erhob sich langsam, trottete ein Stück zur Seite und stellte sich routiniert unter ein Dach. *Was für ein kluger Hund*, dachte ich. Ich ging zu ihr und nahm Emma auf den Arm. Wir sahen uns an. Dann pinkelte Emma. *Sie hat mich markiert*, fuhr es mir durch den Kopf; es war wie ein Zeichen. Und ich dachte nur: *Ja, ich will!* Ich war bis über beide Ohren verliebt. Tausendmal mehr als in den Retriever unserer früheren Nachbarn.

Ich schaute die Züchterin an, bereit, durch ihr hartes Bootcamp zu gehen.

»Okay. Was muss ich machen?«, fragte ich.

Sie schaute völlig unbeeindruckt zurück. »Tragen Sie sich in die Interessentenliste ein. Wir melden uns dann. Vielleicht.« Dann verschwand die Züchterin wieder im Haus und gab mir damit nonverbal zu verstehen, dass mein Bewerbungsgespräch nun erst einmal vorbei war. Nein, sie war keine böse Frau. Sie war eher wie eine Mutter, die ihre Kleinen beschützt. Das kam mir in diesem Moment übertrieben vor. Aber ich war ja schließlich auch noch nicht Teil der Herrchen-Parallelwelt.

Nun gut. Doch womit hatte ich gerechnet? Mit Fanfare, Feuerwerk, Trommelwirbel und einer Gruppe Menschen, die zum gemeinschaftlichen Glückwunsch zu meiner Hunde-Entscheidung ein Ständchen einstudiert hätten? Na ja, vielleicht immerhin mit dem geschäftstüchtigen Lächeln der Züchterin, die sofort Kaufvertrag und Kugelschreiber zücken und sich über die ziemlich stolze Summe für den Welpen freuen würde, ohne dass sie viel Überzeugungsarbeit leisten musste. Doch nichts dergleichen geschah. Stattdessen verließ ich das Gelände wie ein abgewiesener Bittsteller.

Das war ein ziemlicher Dämpfer, den ich erst mal auf das leicht elitäre Verhalten von sich selbst sehr wichtig nehmenden Zuchtstätten von Rassehunden bezog. Klar, dass Züchter, die ihren Hunden Namen wie »Bruno von der breiten Eiche« oder »Nofretete von der Forster Heide« geben, ihre Welpen nicht ohne Tamtam und prätentiöses Gehabe an Hinz und Kunz abgeben – oder?

Das stimmt so aber gar nicht. Auch einen von guten Menschen geretteten Straßenhund bekommt man (zum Glück) nicht ohne weiteres in die Hand gedrückt, wie ich mittlerweile aus verlässlicher Quelle weiß. Ein Freund von mir schaffte sich einen Mischling aus Spanien an, der dort in einer Orangenkiste erst fast verhungert wäre und dann in einer Tötungsstation landete, bevor er von einer ambitionierten Tierschutzgruppe gerettet wurde und zu einer Pflegestelle in Deutschland gelangte. Mein Freund verliebte sich sofort in das Foto der kleinen Terriermischung mit den Fledermaus-Ohren. Heldenhaft eilte er herbei und wollte das Tier sofort mitnehmen. Doch die Pflegerin empfing ihn mit dem Fledermaus-Hund auf dem Arm und schien völlig widerwillig, das entzückende Tierchen jemals wieder loszulassen. Die Pflegerin machte zwei Probetage mit meinem Freund aus, in denen er den Hund mitnehmen durfte (wenn auch nicht über Nacht!), außerdem diverse Gassitermine, bei denen der Freund von der Pflegerin schwer bewacht und bei Fehlverhalten gemaßregelt wurde: »Merken Sie nicht, dass die kleine Polly am liebsten am Bauch gestreichelt wird?« – »Sie schwimmt übrigens auch sehr gern … Haben Sie einen See in der Nähe?« – »Mit dem Kong spielen ist ihr Schönstes! Aber das haben Sie sicher bereits gemerkt …«

Dies waren noch die harmloseren verbalen Ausformungen von ein und demselben Problem: Die Pflegerin traute niemandem einen angemessenen Umgang mit dem Hund zu außer sich selber, obwohl klar war, dass sie ihn nicht behalten konnte.

Der Eiertanz zog sich über mehrere Wochen, bis mein Freund es endlich schaffte, den Fledermaus-Hund zu sich zu holen. Damit hatte der Kontakt mit der Pflegerin allerdings noch lange kein Ende: Etwa drei Wochen lang rief sie täglich bei ihm an und erkundigte sich nach dem Befinden der Fledermaus. Bekommt er auch wirklich genug zu essen? Wirkt er bedrückt? Wie sieht es eigentlich mit dem Auslauf aus? Und fühle er – der Freund – sich nach der Probe aufs Exempel denn auch wirklich bereit, diesen neuen Alltag mit Hund noch jahrelang pflichtbewusst weiterzuführen?

Mein Freund fühlte sich bevormundet und auch beargwöhnt, wie jemand, dem man nicht trauen konnte. Als sei er ein als Tierfreund verkleideter Tierquäler, der nur auf den ersten unbeobachteten Moment wartete, um dem kleinen Hund endlich die Knochen brechen und ihn verhungern lassen zu können. Ihr Verhalten schien ihm so undankbar. So misstrauisch.

Es dauerte etwas, bis meinem Freund auffiel, dass die Pflegerin am Ende eines jeden Telefonats einen dicken Kloß im Hals hatte, und er eine wichtige Sache verstand: Die Pflegerin liebte diesen Hund. Er war ihr ans Herz gewachsen. Und entsprechend schwer war ihr der Abschied gefallen.

So ähnlich muss es auch Emmas Züchterin ergangen sein. Sie liebte jeden einzelnen ihrer Schützlinge. Und sie wollte bei jedem Welpen sichergehen, dass er das Zuhause fand, das am besten zu ihm passte und wo er glücklich wurde – auch wenn sie sich dafür zuweilen benehmen musste wie eine feldwebelhafte Gouvernante mit Kontrollzwang. Wichtiger als das schnelle Geschäft war das Ziel, zwei Persönlichkeiten zu finden, denen es gelänge, einen langen Weg gemeinsam zu gehen.

Ich mietete mich in ein Hotel in Hamburg ein, denn ich wollte sofort zur Stelle sein, wenn die Züchterin anrief. Es folgten entsetzlich lange Tage des Wartens, in denen ich fast ausschließlich damit beschäftigt war, mein Telefon anzustarren oder mich selber vom Festnetz auf dem Handy anzurufen, um zu testen, ob es auch wirklich funktionierte.

Dann kam der Anruf der Züchterin – natürlich in einem dieser Momente, in denen immer die wichtigen Anrufe kommen: diesmal an der Supermarktkasse. Ich ließ alle Einkäufe fallen und rannte zum Telefonieren hinaus. Die Mitteilung der Züchterin: Ich dürfe ein getragenes T-Shirt vorbeibringen – »persönlich«, hieß es –, damit sich der Welpe an meinen Geruch gewöhnen könne. Das Assessmentcenter war geschafft!

Vorläufig zumindest. Denn in weiteren Fragestunden mit der Züchterin wurde ich meine Angst nicht los, dass sie ihre Entscheidung genauso schnell wieder revidieren könnte. Und es gab eine weitere Einschränkung meiner Euphorie: Die Züchterin gab mir zwar zu verstehen, dass sie mich als qualifiziert dafür betrachtete, ein Hundebaby aus ihrer Zuchtstätte aufzunehmen, die Züchterin hatte allerdings nicht vor, dass *ich* mir einen Welpen aussuchte. Nein, *sie* kannte die Welpen schließlich am besten und konnte so in ihren Augen auch am besten beurteilen, wer hier zu wem passen könnte. Sie werde mir einen passenden Kandidaten präsentieren, sagte sie mir; ich könne lediglich Wünsche äußern.

Doch das Universum meinte es gut mit Emma und mir. Als

ich das nächste Mal zur Züchterin kam, hielt sie zwei Welpen hoch, die sie für passend hielt. Einer davon war Emma.

Damals schien mir das ganze Gehabe etwas übertrieben. Doch nach mittlerweile fast zehn Jahren »Partnerschaft« mit Emma muss ich sagen: Die Züchterin hat sich nicht geirrt. Und mein Instinkt sich auch nicht. Emma zog bei mir ein. Zwar war sie kein Hund mit einem dicken Kopf, dafür aber einer mit einem ziemlichen Dickkopf. Da muss das Universum wiederum etwas missverstanden haben.

Und ich dachte nur: Ja, ich will!

Hilfe, ich habe einen Hund!

»Luna« hui, »Wolfgang« pfui?
Der passende Name

Da sitzt er nun, der Welpe, und schaut einen an. Dick. Knuffig. Glücklich.

Und man selber schaut zurück und fleht, dass der Welpe irgendein Zeichen geben möge. Wer bist du, dickes Hundekind? Will er eher ein majestätischer Rex sein oder ein lustiger Speedy? Eher eine aristokratische Bella oder eine verspielte Lilly? Und wie soll man das überhaupt in einem Stadium entscheiden, in dem dieser Hund *so* aussieht? Kann man einen Moppel mit dicken Pfoten, der sich bei jedem Geräusch hinterm Frauchen versteckt, ständig über seine eigenen Füße stolpert und in einer Haut steckt, die ihm drei Nummern zu groß geraten scheint, wirklich Herkules nennen?

Aber wenn man sich bei der Namensfindung am jetzigen Aussehen orientiert, hat man hinterher meist den Salat. Etwa dann, wenn man den Welpen »Muckelchen« nennt und er sich dann zu einem gigantischen Koloss mit Beißproblematik und Kleintierhass entwickelt.

Die sinnvollste, aber auch unpraktikabelste Methode, solchen Fehlbenennungen vorzubeugen, wäre es, den Hund während der ersten Monate einfach nur »Welpe« zu nennen oder eben »Hund« – so lange, bis er ausgewachsen ist und seine wahre Physis und sein Charakter ausgeformt sind. Aber das geht natürlich nicht. Denn was für Ausmaße würde die eh schon komplizierte Erziehungsarbeit annehmen, wenn auch noch alle Hunde den gleichen Namen hätten?

Hundenamen sind – ähnlich wie Kindernamen – gewissen Modeerscheinungen unterworfen. Ging der Trend vor wenigen Jahrzehnten noch deutlich zu gefährlich oder majestätisch wirkenden Namen wie »Hasso«, »Hektor« oder »Brutus«, sind heute vor allem niedliche Namen gefragt, die ebenso gut zu einem blondgelockten Kind aus einem Astrid-Lindgren-Roman anstatt zu einem blondgelockten Labradoodle passen könnten. Der Hund ist nämlich über die Jahre immer mehr zu einem festen Bestandteil der Familie oder zum festen Sozialpartner geworden. Hat ein Bello seinerzeit noch Haus und Hof verteidigt, die Nächte draußen in der Hundehütte verbracht und die übriggebliebenen Knochen des Sonntagsbratens vertilgt, liegt heute ein Paul im Plüschkörbchen mit Extra-Kuscheldecke, bekommt in regelmäßigen Abständen den Kopf getätschelt und knabbert an seinem extra gekauften, magenschonenden XXL-Büffelhautknochen mit Zahnpflegefunktion. Und wenn er diesen angeekelt verschmäht, wird in der Küche eben nach etwas gesucht, das ihm besser schmeckt. Ob er vielleicht etwas vom Braten abhaben möchte …?

Kennen Sie Eltern, die sich vor der Geburt ihres Kindes für einen Namen entscheiden, diesen Namen aber in dem Moment verwerfen, wenn sie ihr Kind zum ersten Mal sehen, weil er in ihren Augen irgendwie nicht zu dem Kind passt? Weil es nun mal plötzlich doch eher wie eine Matilda als wie eine Marie aussah? Ich habe das immer für ziemlichen Quatsch gehalten und dachte ohnehin, dass Eltern kleiner Kinder sich im ersten Jahr jeden Tag die Kleidung ihres Sprösslings merken müssten, um bei der Krabbelgruppe überhaupt am Ende des Tages wieder das richtige Kind aus einer Gruppe Babys herauszufischen. Da muss es doch wohl herzlich egal sein, ob dieses Kind Anton oder Oskar heißt …

Dass es *nicht* egal ist, weiß ich spätestens, seit ich Emma habe. Neulich bin ich mit einem Bekannten an einer plakatierten Hundefutterwerbung vorbeigegangen, die mit einem x-beliebigen Golden Retriever warb. Der Bekannte hielt kurz an und sagte: »Guck mal, der sieht ja aus wie Emma« – und ich war fassungslos. Der Kopf war völlig anders! Und die Augen! Und die Farbe! Und überhaupt: So guckt Emma doch nie! Kopfschüttelnd ging ich weiter. Nein, Kinder und Hunde sind nicht alle gleich. Da ist jeder anders – und meine Emma natürlich etwas Besonderes …

Zumindest mir ging es bei der Namensgebung darum auch so ähnlich wie diesen Eltern, die ihr Kind erst sehen müssen, bevor sie sich für einen Namen entscheiden können. Bevor ich Emma bekam, sollte der Hund in meiner Vorstellung immer »Larsson« heißen, benannt nach dem bekannten schwedischen Fußballspieler Henrik Larsson. Dabei spielte es keine Rolle, ob es sich um eine Hündin oder einen Rüden handeln würde. Ich könnte den Hund auch »Tisch« oder »Stuhl« nennen, es wäre ihm wahrscheinlich egal. Nicht aber meinen Freunden. »Du kannst doch eine Hündin nicht wie einen Kerl nennen!«, hieß es. Ich verstehe ja bis heute nicht, warum das nicht gehen soll.

Aber zum Glück sah Emma eben auch nicht aus wie ein »Larsson«. Sie guckte nun mal wie eine Emma, und so konnte ich zwei Fliegen mit einer Klappe schlagen. Der Name Emma gefiel allen. Obwohl ich den Namen vorher nie in Betracht gezogen hatte – plötzlich war er da.

Emma ist natürlich ein ziemlicher Klassiker, und besonders weit habe ich mich damit nicht aus dem Fenster gelehnt. Gefühlt heißt schließlich jeder fünfte Hund und jedes dritte Kind so. Aber ich glaube nicht, dass Emma darunter leidet. Und einen Vorteil hat es immerhin, dass sie oft nicht die einzige Emma auf der Hundewiese ist: Wenn ich sie auf der Hundewiese rufe, sie aber gerade von dem Versuch absorbiert ist, einem Eichhörnchen auf einen Baum hinterherzuklettern, gibt es immer noch die Chance, dass eine andere Emma reagiert und folgsam zu mir kommt. Auf diese Weise kommt man sich nicht ganz so ignoriert vor.

Auch wenn ich mich also für einen ziemlich konventionellen Weg entschieden habe: Die Namensgebung der Hunde ist die ideale Möglichkeit für Herrchen und Frauchen, sich kreativ mal so richtig auszutoben. Und das tun viele auch. Zum Beispiel so:

Ironische Namen

Warum nicht einfach den Hund »Günther« nennen, »Horst« oder »Trude«? Ironische Namen, die besonders uncool oder eigentlich furchtbar retro klingen, sind vor allem bei Menschen beliebt, die in der Großstadt wohnen und auch ironisch etwa eine Honecker-Gedächtnis-Brille tragen. Beliebt sind hierbei vor allem altmodische Namen mit leicht betulichem Nimbus.

Die Alternative: Man benennt den Hund nach dem Gegenteil dessen, wonach er aussieht. Also führt man einen Rehpinscher namens Herkules neben sich her oder einen Pekinesen namens Killer.

Unironische Namen

Unschwer zu erkennen: Diese Namen sind das Gegenteil der ironischen Namen. Sie meinen genau das, was sie ausstrahlen. Meist sind es die Namen großer Hunde, die Respekt einflößen und ein bisschen Angst machen sollen. Die Rede ist von Schäferhunden, die Rex heißen, von stämmigen Pitbulls, die Tyler genannt werden, und von massiven Rottweilern namens Tyson. Das funktioniert dann gerne auch im Gegenteil: Der Chihuahua heißt dann eben Mini …

Kindernamen

Wenn Emma, Ella, Lilly und Oskar ausgelassen miteinander spielen, befindet man sich nicht unbedingt auf dem Kinderspielplatz oder in Bullerbü. Es kann ebenso gut die Hundewiese sein. Denn hier sind moderne Kindernamen inzwischen genauso uniform wie auf den Spielplätzen von Trendbezirken wie dem Prenzlauer Berg. Ein ziemlich alltägliches Praxisproblem halten diese Namenshäufungen natürlich bereit: Wenn man sich auf die Hundewiese stellt und laut »Emma« ruft, dreht sich der eigene Retriever zwar nicht unbedingt um (der möchte lieber weiter den Weg durch den Zaun in seine Freiheit graben), dafür aber manch anderer Hund – von Leonberger bis Chinesischem Schopfhund – sowie mindestens fünf pikierte Hundebesitzer, die denken, man sei mit ihrem Hund per du.

Vielleicht ist das auch der Grund, warum Emma von mir unzählige Spitznamen verpasst bekommen hat: M, Emmchen, Eumelchen, Hasenhirn, Fuchur (aus der unendlichen

Geschichte), Doofi, Super-Soul … Ich weiß nicht, wie sie das findet, aber sie lässt es augenscheinlich über sich ergehen, so genannt zu werden.

»Nomen est omen«-Namen

Viele Menschen nennen den Hund so, wie er aussieht. Das gilt für den dicken beige-schwarzen Mischling namens Hummel ebenso wie für den etwas zu lang geratenen Jack-Russell-Terrier namens Wurst oder den weißen Hund mit den schwarz umkreisten Augen namens Panda. Bei griffigen Ein- bis Zweisilbern ist das alles kein Problem. Schwierig wird es dann, wenn der etwas schuppige, dicke Hund mit der spitzen Schnauze nun mal aussieht wie ein Gürteltier …

Für welchen Namen man sich auch immer entscheidet: Das ausschlaggebende Kriterium sollte sich im besten Fall an der Praxis orientieren. Man stelle sich die folgende Extremsituation vor: Der Hund rennt im gestreckten Galopp seinem geliebten Ball hinterher. Doch der befindet sich leider nicht auf der Wiese, sondern fliegt in der Luft auf direktem Weg in Richtung der stark befahrenen Hauptverkehrsstraße am Rande des Parks. Und dieselbe Richtung steuert der Hund an, mit Höchstgeschwindigkeit. Sie müssen eingreifen – und zwar mit lauter Stimme und voller Überzeugung. Welcher ist der Name, bei dem man sich nicht scheuen würde, ihn aus Leibeskräften mitten durch den Park zu brüllen? Wem das mit »Wolfgang« oder »Karl-Heinz« nicht schwerfällt, dann nur zu! Der Phantasie sind keine Grenzen gesetzt.

Allgemeingut Welpe – oder:
»Darf ich mal anfassen?«

Als Emma bei mir einzog, war sie achteinhalb Wochen alt. Hätte man sie in ein Regal einer Spielwarenabteilung einfach neben ein paar Kuscheltierhunde gesetzt, es wäre niemandem aufgefallen. Zumindest optisch. In jeder anderen Hinsicht allerdings schon. Denn dieses spezielle Kuscheltier hätte sich jedem, der ihm auch nur das kleinste bisschen Aufmerksamkeit geschenkt hätte, begeistert quiekend und schwanzwedelnd an den Hals geworfen, und bei jedem, der es ignorierte, versucht, dessen ungeteilte Aufmerksamkeit doch noch zu erregen. Mit allen Mitteln. Emma liebte Menschen. Emma liebte alles. Und von Beginn an liebte sie Bälle.

Emma war der absolute Welpen-Prototyp. Genau so hatte ein Welpe auszusehen: dicke Pfoten, viel zu viel Haut für viel zu wenig Hund, große Koordinationsschwierigkeiten, dunkle Knopfaugen, dazu blonde Wimpern – dies alles gepaart mit der Lebensfreude einer ganzen Grundschulklasse kurz vor Aufbruch zum Tagesausflug ins Phantasialand.

Anfangs freute ich mich darüber, dass Emma überall so gut ankam. Drei Tage lang lief ich gebauchpinselt durch die Gegend und hielt bei jedem Passanten an, der die Arme ausbreitete und Emma begrüßte, als sei sie das Allerniedlichste, was er jemals gesehen habe (was vielleicht sogar der Wahrheit entsprach). Brav beantwortete ich die immerselben Fragen zu Alter und Herkunft und beteuerte jedem, dass Emma sich bei ihm gerade ganz besonders freuen würde (was natürlich nie stimmte). Wo wir auch hinkamen, überall zeigten Finger auf uns, von weitem tönten schon die »Ooooohs« und »Aaaahs«, und ich war eigentlich nur noch damit beschäftigt, Emma hinterherzulaufen und sie aus den Armen fremder Leute zu befreien. Irgendwann schwand meine Begeisterung über Emmas Publikumserfolg. Denn ich kam draußen zu gar nichts mehr, und das, wo ich mir doch ein taffes Erziehungsprogramm vorgenommen hatte. Das Üben der Stubenreinheit zum Beispiel wurde zum echten Problem, denn Emma war draußen überhaupt nicht in der Lage, mal zu pinkeln, weil sie die ganze Zeit schmusen und freudig begrüßen musste. Sie hatte regelrechten Freizeitstress! Wir kamen in den ersten Wochen keine 20 Meter weit, ohne ein Tätscheln zu erleben oder in ein Kurzgespräch zu geraten. Ihr Geschäft erledigte sie daher einfach zu Hause auf dem Teppich, wenn sie endlich mal ihre Ruhe hatte.

Sowieso wurde jegliches Üben unter freiem Himmel zum Problem. Denn ein Welpe reagiert und lernt ja vor allem durch positive Bestärkung. Wenn er nun von jedem Menschen gelobt und abgefeiert wird, auf den er zurennt, an dem er hochspringt und den er ableckt, wie soll der Welpe dann a) lernen, dass er bitte in der Nähe seines Herrchens bleiben soll und b), dass das Lob für unkontrolliertes Anspringen ausschließlich Gültigkeit hat, solange er winzig klein ist, es aber sofort in Angst oder Ärger umschlägt, wenn er nicht mehr ganz so klein ist und ein Gebiss wie der Weiße Hai hat? Wie soll man einem Hundebaby beibringen, dass das Lob des Herrchens fünffach zählt und das Lob des unbekannten Passanten nur einfach? Irgendwann war ich genervt. Und ich wünschte mir manchmal, dass Emma über Nacht furchtbar hässlich würde, damit ich mal in Ruhe mit ihr üben könnte.

Ja, es ist nur ein paar Tage lang schön, wenn der eigene Welpe zum Allgemeingut wird. Es hört dann schlagartig auf, wenn der Ernst des Alltags anfängt und man dem Kleinen Manieren beibringen will. Dann steht man also mit wahnsinnig viel Geduld auf der Wiese und übt, dass der Welpe sitzen bleibt, während man sich selber zwei Meter von ihm entfernt (»Sitz – siiitz – bleiiiiiiib …!«). Wenn man den Welpen gerade für seine neue Maximal-Konzentrationsspanne von zehn Sekunden loben will, lässt sich am anderen Ende der Wiese plötzlich ein erwachsener Mensch auf den Boden plumpsen, brüllt »Süüüüüüüß …!« und klatscht auffordernd in die Hände. Die Übung ist natürlich augenblicklich gelaufen, denn der Welpe ist über alle Berge, was ihm nicht mal zu verübeln ist. Sein Lernergebnis: Die Menschen belohnen und lieben dich, wenn du im gestreckten Galopp auf sie zurennst und ihre Gesichter großflächig ableckst. Bingo.

Oder: Man will dem Welpen beibringen, nicht an Menschen hochzuspringen. Daher dreht man sich mit viel schmerzlicher Selbstdisziplin jedes Mal schweigend weg, sobald er Anlauf nimmt, obwohl man selbst fast wahnsinnig wird vor Entzücken, wenn der kleine Welpe begeistert seine dicken Pfoten reckt und zum Sprung ansetzt, den er noch gar nicht beherrscht. Aber der pädagogische Effekt hält sich natürlich in Grenzen, wenn der Welpe am Tag etwa 150 anderen Personen begegnet, die sämtliche Lektionen konterkarieren und ihn penetrant auffordern, doch bitte an ihnen hochzuspringen, und ihn dann auch noch ausgiebig dafür lobpreisen. Ergebnis: Der kleine Hund ist total verwirrt. Die Lehren, die er daraus zieht, lauten:

– »Jeder mag es, wenn ich an ihm hochspringe, nur mein eigenes Frauchen nicht.«
– »Nur mein Frauchen möchte langweilige Dinge spielen, der Rest der Menschheit liebt Action.«

– »Ich habe sehr viel Pech gehabt, dass ich hier gelandet bin und nicht bei einem anderen Menschen. Egal bei welchem.«

Natürlich bin ich heute, wo ich selbst keinen Welpen mehr habe, auch die Erste, die sich wieder mit infantilem Gebrabbel auf den Boden sinken lässt, sobald sich so ein Knäuel mit Schlappohren nähert. Und natürlich finde ich auch, dass das missmutig dreinschauende Herrchen sich bitte nicht so anstellen und sich stattdessen darüber freuen soll, solch ein niedliches, freundliches Tierchen zu besitzen. Tief im Inneren weiß ich aber: Die Leute, die Welpen ermutigen, an ihnen hochzuspringen, dürfen sich weder wundern noch ärgern, wenn ausgewachsene, schlammige Doggen auf sie zurennen und das Gleiche tun.

Was wenigstens eine schöne Nebenerkenntnis für Sie als Hundehalter bedeutet: Sie sind eigentlich nie richtig selber schuld. Die Tatsache, dass Ihr erwachsener Dobermann immer noch an jedem hochspringt, als sei er ein kleiner Welpe, ist nicht Ihre Schuld allein.

Und einen weiteren, äußerst praktischen Nebeneffekt bringt das »Allgemeingut Welpe« mit sich: Nageln Sie alle Freunde fest, die seinerzeit mit Blick auf das stolpernde, tapsige Bündel gesagt haben, dass sie den Hund natürlich immer (»Immer!!!«) in Pflege nehmen würden, wenn mal Not am Mann sein sollte. Fordern Sie die Einlösung dieses Versprechens auch dann ein, wenn aus dem plüschigen Wesen ein dominanter, riesiger Schäferhund geworden ist, der ungern allein zu Hause bleibt und keine Frustrationstoleranz besitzt. Verabschieden Sie sich dann für drei Wochen guten Gewissens in den Urlaub. Denn versprochen ist schließlich versprochen.

Plötzlich neue Freunde:
der Hund als Kontaktmagnet

Es ist ein bisschen wie mit Schwiegereltern: Man kann sie sich nicht aussuchen, und man kann ihnen nicht unverhohlen sagen, was man von ihnen hält. Wer eine Beziehung eingeht, hat auf einmal auch Schwiegermama und Schwiegerpapa am Hals und muss sich fortan für sie interessieren, ob er will oder nicht. Im guten Fall ist das Interesse echt, und man quatscht und lacht mit der Schwiegermutter die Nächte durch. Im schlechten Fall führt man gequälte, einsilbige Gespräche über Fleckenentfernung durch Gallseife und versucht, die langen Gesprächspausen durch gestresstes Räuspern etwas abwechslungsreicher zu gestalten.

Bei Hundebesitzern läuft es ähnlich: Wenn sich zwei Hunde ineinander verlieben, muss man mit dem Besitzer des anderen Hundes vorliebnehmen, ob er einem nun gefällt oder nicht. Denn man kann dem eh schon wählerischen Hund ja schließlich nicht den endlich gefundenen Spielgefährten wegnehmen, nur weil man selber keine Lust hat, sich schon wieder mit dessen Besitzerin zu unterhalten, die einem seit geschlagenen drei Wochen eine Bachblütentherapie für den Hund aufschwatzen will und behauptet, dass Hunde von Rohfleischfütterung aggressiv würden.

Zu meinem Glück hat Emma heute mit anderen Hunden nicht mehr allzu viel am Hut. Als Junghund war das noch ein bisschen anders. Da verliebte sie sich einmal Hals über Kopf in den Terriermischling Larry. Sie war überglücklich, wenn sie ihn auf der Wiese erblickte, und Larry erging es ebenso. Larry und Emma rasten schon aus 500 Metern Entfernung aufein-

ander zu, wenn sie einander erblickten, rollten sich stundenlang in enger Umarmung durch den Park und jagten sich in
großen Runden. Ich freute mich wie eine Mutter, deren ge-
hänseltes Kind endlich mal einen Freund gefunden hat. Wer
allerdings nicht begeistert aufeinander zurannte, waren Larrys
Besitzer und ich. Larrys Herrchen war ein unlustiger, arro-
ganter Schnöseltyp, der sogar im November im Anzug auf der
Wiese stand und mit dem ich unter normalen Umständen kein
Wort gewechselt hätte. Nur der Blick auf Emma, die freudig
knurrend auf Larry lag und sein ganzes kleines Terriergesicht
in ihrem Maul verschwinden ließ, entschädigte mich, während der Schnösel und ich wie Falschgeld nebeneinanderstan-
den und nicht wussten, wie zum Teufel wir ein Thema finden
sollten, das uns beide interessierte.

Am Anfang mag es einem schwerfallen, sich mit Menschen
zu unterhalten, die einem nicht unbedingt sympathisch sind.
Nach einer Weile aber hat man sich daran gewöhnt. Erschreckend schnell sogar. Und es kommt einem plötzlich spielend
leicht vor, zumal die Themen unerschöpflich sind: Man kann
Jahrzehnte füllen mit Gesprächen, die sich ausschließlich
um Hunde und das Hundebesitzertum drehen. Schon nach
wenigen Wochen hält man sich auch mit den wortkargsten
Zeitgenossen spielend und routiniert mit der Themenpalette
von A wie Angstbeißertum bis Z wie Zeckenbiss über Wasser – notfalls über Jahre. Sobald das Gespräch stockt, wirft
man so etwas wie »Heute sind die beiden aber munter« ein
oder eröffnet ein Fachgesprächsfeld mit der Frage »Gemüse
lieber roh oder gekocht?« oder »Auch schon mal ein Problem
mit Demodex-Milben gehabt?« – und für die nächsten 20 Minuten ist wieder alles im Fluss.

Ich habe durch Emma allerdings auch schon tolle andere

Menschen kennengelernt. Viele davon sind mittlerweile zu richtigen Freunden geworden. Und es ist wahnsinnig praktisch, andere Herrchen und Frauchen im Freundeskreis zu haben, denn die verheißungsvoll lächelnd vorgebrachte Idee »Heute mal Bock auf einen richtig schönen Nachmittag auf dem Acker?« kommt bei minus 15 Grad und schneidendem Januar-Ostwind beim Boxerbesitzer einfach viel besser an als bei Freunden ohne Hund.

Ach, nur mal nebenbei erwähnt ein Tipp für alle Suchenden: Ein Hund ist besser als jede Kontaktbörse.

Heulen, Jaulen, Schuhekauen: die ersten Tage im neuen Heim

Als Emma zu mir kam, hatte ich mir in weiser Voraussicht vier Wochen freigenommen. Ich wollte alles richtig machen. Ich wollte den Grundstein für grenzenlose Frau-Hund-Harmonie und (hunde)lebenslange Stressfreiheit legen. Meine unumstößliche Überzeugung war: Ich ziehe mir den perfekten Hund heran. Bei mir wird Zucht und Ordnung herrschen. Sollen doch die anderen Hundebesitzer ihren Hund am Ohr aus den Grillvorräten fremder Leute im Park ziehen oder aus dem FKK-Bereich des Badesees. Nicht mit mir! Denn ich hatte schließlich vorgesorgt.

Und zwar gründlich: Ich hatte eine Rundumbetreuung an 24 Stunden am Tag vorgesehen. Ich hatte mich in die gängige Fachliteratur eingelesen. Ich hatte erfahrene Hundebesitzer konsultiert und von Körbchen über verschiedenes Welpenfutter (falls empfindlicher Magen!) bis hin zu kühlenden Beißringen (Zahnwechsel!) alles besorgt, was die Fachwelt für wichtig hielt. Das Erziehungsfundament für die kommenden 16 Jahre sollte in diesen ersten drei Wochen gesät werden.

So weit der Plan – ein ambitioniertes Vorhaben, das mich eigentlich schon überforderte, bevor es richtig losging. Wörter wie »Prägephase«, »Folgetrieb« und »Protestpinkeln« schwirrten in meinem Kopf und machten mir Angst. Ich war bereits Experte, bevor ich ein Frauchen war. Allerdings ein theoretischer Experte, worin gleichzeitig das Problem lag.

Als ich Emma nämlich ihr neues Zuhause zeigte, kam alles anders, als ich es mir angelesen und erfragt hatte. Sie lief in die Wohnung, setzte sich ins Wohnzimmer und schaute sich um. Dann stand sie auf und tat das Gleiche in jedem anderen Zimmer. Sie scannte quasi ihre neue Umgebung. Und mich beschlich die leise Ahnung, dass sie sich nicht etwa schüchtern fragte, was das hier für ein seltsam unbekannter Ort sei, sondern dass sie sich einen Überblick über ihre neuen Besitztümer verschaffte.

Von vornherein lief nichts nach Plan. Keine Reaktion von Emma auf ihr neues Zuhause war so, wie ich sie vorher gelesen, erfragt oder mir vorgestellt hatte. Emma stellte ihre ganz eigenen Regeln auf, und mir wurde eines bewusst: Hier wird kein kleiner, hilfloser Welpe von einem wohlwollenden erwachsenen Menschen mit sanftem Druck auf den rechten Weg geschickt. Nein, hier wird ein Kampf ausgefochten. Ein Kampf um die Hegemonialstellung in der Wohnung. Ein Kampf um die Herrschaft. Mensch gegen Hund. Meine nachhaltige, allumfassende Welpenerziehung konnte ich mir sofort abschminken.

Mir wurde klar: Die ersten drei Wochen lassen nur minimale Zeit fürs Sitz- und Platz-Üben und für das Apportieren kleiner Futterbeutel. Erst mal geht es ums Wesentliche: In den Anfangswochen wird knallhart verhandelt, wer hier die Hosen anhat und wie sauber diese Hosen sind. Hier gibt es jetzt einen kleinen, aufdringlichen neuen Mitbewohner, der Rechte anmeldet und nicht nur Dankbarkeit dafür empfindet, dass man sich seiner angenommen hat.

Emmas Strategie ging folgendermaßen: Sie begann mit dem Horten von Dingen, auf die sie Anspruch erhob: Sofa (gänzlich), runde Gegenstände zur Zweckentfremdung als Ball (alle), Essen (alles). Ich hatte mit zerkauten Schuhen gerechnet und sogar über die Anschaffung eines Anti-Kau-Sprays nachgedacht, doch die interessierten Emma nicht die Bohne, was ich für eine Verwirrstrategie hielt. Der Besitzer, also ich, durfte nun versuchen, einzelne Dinge (nicht alle!), die der Welpe für unverzichtbar hielt, zurückzuerobern. Dieses Spiel von Geben und Nehmen geht so lange hin und her, bis einer entkräftet aufgibt oder bis man sich auf eine Schnittmenge geeinigt hat.

Bei uns sah das Ganze im Ergebnis folgendermaßen aus: Die Couch gehörte wieder mir, Emma bekam dafür allerdings ein Körbchen, das gemütlicher als die Couch war und eine ähnliche Größe hatte. Emma erhielt außerdem so viele Stoffbälle, dass sie in jedem Zimmer mindestens zwei zur Auswahl hatte, dafür hörte sie auf, schrill die auf dem Boden liegende Kugellampe anzubellen, nur weil die sich nicht wie ein Stoffball herumtragen ließ, und sie bellte auch die Äpfel auf dem Kühlschrank nicht mehr an, auf dass sie ihr jemand reichen möge, damit sie damit spielen konnte.

Auch beim Thema Fütterung muss sich das Neu-Herrchen mit dem neuen Kameraden auseinandersetzen. Denn hier herrscht anfangs oft die naive Vorstellung, das Herrchen entscheide alleine darüber, was der Hund zu fressen bekommt. Und auch wenn man sich ambitioniert eingelesen, Baby-Folgemilch gekauft und sich damit abgefunden hat, dass fortan einige weniger appetitanregende »Mahlzeiten« im Vorratsschrank stehen – der Welpe wird seinen eigenen Geschmack haben. Und der vorwurfsvolle Blick, den man sich einfängt, wenn er vor der Haferflocken-Fleisch-Pampe in seinem Napf hockt, wird Bände sprechen.

Emma wehrte sich von Anfang an gegen meine Fütterungstaktik. Ich hatte gelesen, dass es Sinn ergebe, den Welpen aus einem kleinen Stoffbeutel zu ernähren, den man immer bei sich haben und aus dem man den Kleinen bei jedem noch so geringem Erfolg füttern solle. So könne man quasi Ernährung und Erziehung in einem Aufwasch erledigen. Wenn ich den Beutel warf und Emma ihn mir brav zurückbrachte, sollte es also ein Kügelchen Trockenfutter geben. Bei jedem »Sitz« und »Hierher« auch.

Doch mir wurde schnell klar, dass Emma ihre Mahlzeiten auch als Mahlzeiten haben wollte. Sie boykottierte den Stoffbeutel. Das Ganze schien ihr irgendwie zu doof zu sein. Sie apportierte stattdessen mit großer Begeisterung Stöcke und Bälle, und wir gingen schnell dazu über, dass sie ihr Fressen aus dem Napf bekam. Freilich hatte sie es nicht nur auf Hundefutter abgesehen …

Beim Kampf ums Essen zeigten beide Parteien einen extrem langen Atem. Denn Emma war von Beginn an ein hungriger Hund – nicht gefräßig, aber hungrig, vor allem, wenn es um Leberwurst oder Würstchen ging. Sie begann also, Mülleimer danach zu durchsuchen und zu diesem Zweck gerne auch mal umzukippen. Außerdem prüfte sie bei allen Dingen, die ihr unter die Schnauze kamen, ob diese eventuell auch zum Verzehr geeignet waren: Plastik, Holz, Gummi, Metall, Stoff – egal was. Einmal konnte ich in einem ihrer Haufen ein großes Stück meiner Yogamatte identifizieren.

Und plötzlich, wie aus dem Nichts, war diese Phase vorbei. Wieso, weshalb, warum? Ich weiß es nicht. Ob sie einfach genug ausprobiert hatte und zu dem Schluss gekommen war, dass das, was ich ihr gebe, schon das Beste war, was sie erlangen konnte?

Allerdings habe ich Emma nie zu einem Hund erziehen können, der sich endgültig damit abgefunden hat, dass es Menschenessen und Hundeessen gibt und dass diese Produktpaletten nie vertauscht werden dürfen. Sie würde es vielleicht akzeptieren, wenn man Leberwurst der Kategorie Hundeessen zuordnete. Sie wird jedenfalls immer mit einem Gesichtsausdruck auf Menschenessen schielen, als sei sie kurz vorm Hungertod, und stattdessen schon mal ein Hundeleckerli liegenlassen, weil sie halt keinen Hunger mehr hat. Um es Emma nicht so schwerzumachen, bin ich nicht besonders streng, was das Füttern am Tisch betrifft. Denn wenn ich sage, dass es jetzt reicht, hört sie auch darauf. Meistens zumindest. Ich verzichte im Gegenzug aber auch höflich, wenn Emma mir einen Rest von ihrem Pansen übrig lässt …

Eigentlich sind wir ähnliche Esser. Wir lieben essen, hören beide auf, wenn wir satt sind, wobei »satt sein« je nach Nahrungsmittel ein dehnbarer Begriff ist. Wenn Emma gerade satt ist, kann ich sogar was auf dem Tisch liegenlassen, und sie rührt es nicht an. Neben meinem Bett steht eine Schale mit Leckerlis, die ich oft als Überzeugungshilfe hervorzaubere, wenn ich will, dass Emma ins Bett kommt. In 95 Prozent der Fälle rührt sie diese Knabbereien ansonsten nicht an. Pontus und Vuki, die Hunde zweier Freunde, sind da anders. Wenn die beiden zu uns kommen, wird niemand von ihnen begrüßt, sondern sie rennen sofort ins Schlafzimmer. Und bevor jemand hinterherrennen kann, um die Schale zu retten, sind die Leckerchen bereits verschlungen.

Auch abseits vom retrievertypischen Vielfraß-Mythos war Emma anders, als die Bücher behaupteten, wie Welpen zu sein haben. Sie pinkelte mit Hingabe in ihr eigenes Körbchen, obwohl »Nestbeschmutzung« bei Welpen angeblich tabu ist. Rannte ich in die eine Richtung, um ihr beizubringen, dass sie bei mir zu bleiben, aufs Rudel zu achten und mir zu folgen hatte, rannte sie mit ähnlicher Euphorie in die entgegengesetzte Richtung, so dass sich das schöne Lehrbuchbild vom gutgelaunt rennenden Herrchen und freudig hinterherlaufenden Welpen komplett umdrehte: Bei uns sah man einen erstaunlich schnell rennenden, blendend gelaunten Welpen mit fliegenden Ohren, dann sah man eine Weile nichts, und schließlich folgte ein panisches Frauchen, das Angst hatte, den Anschluss an ihren Hund zu verpassen.

Ich war etwas verunsichert. Hatten die Bücher gelogen? Zur Verwirrung durch die Fachliteratur gesellte sich ein weiterer Verunsicherungsfaktor, gepaart mit einem völlig neuen Verständnis des Sartre-Satzes »Die Hölle, das sind die anderen«. Jeder Hundebesitzer betrachtet sich nämlich als allwissenden Experten und weiß stets ganz genau, wie es richtig geht und was andere so alles falsch machen. Einmal etwa rannte Emma mal wieder wild und ohne jede Ankündigung einfach über die Straße, um fröhlich eine Gruppe Tauben aufzumischen. Als ich sie endlich wieder am Halsband hatte, stand ich einem Mann mit einem Airedale-Terrier gegenüber, der den Kopf schüttelte, etwas von »zeigen, wer der Herr ist« faselte und mir riet, Emma mit einem nicht wirklich schmerzhaften, aber schon deutlichen Kniff in die Seite nebst laut gebelltem »Nein« zurechtzuweisen. Eine Frau daneben riet hingegen zu absolutem Stillschweigen und völliger Ignoranz bei Fehlverhalten und dafür zu an Debilität grenzender Euphorie bei jedem noch so kleinen Erziehungsfortschritt. Ihr geifernder, knurrender, durch die gespannte Leine halbstrangulierter Zwergschnauzer schien nicht unbedingt der lebende Beweis für den Erfolg ihrer Erziehungsmethoden zu sein, aber das war ihr egal. Ein hinzukommender Rentner empfahl, nach guter alter Sitte den Welpen am Nacken anzuheben und ihn dann auf den Boden zu drücken oder ihn leicht zu schütteln. Eine eigentlich schüchtern wirkende blasse Studentin fiel nach diesem Vorschlag vor Empörung fast in Ohnmacht, weil ja wohl jeder wisse, dass diese Schüttelgeste in freier Wildbahn das Totschütteln von Opfertieren symbolisiere und den Welpen nachhaltig traumatisiere. Ich nahm Emma unter den Arm und verließ die Szenerie fluchtartig. Zurück blieb eine kleine zeternde Menschentraube.

Mittlerweile weiß ich, was in extremen Fällen von Ungehorsam zu tun ist: Ich knurre. Ja, das klingt etwas lächerlich. Das ist es zugegebenermaßen auch. Weswegen ich umso dankbarer bin, dass es bei Emma nicht allzu oft zum Einsatz kommen muss.

Die ersten Wochen mit Emma waren wirklich keine leichte Zeit. Aber wie konnte das sein? Was war falsch mit uns? Golden Retriever seien lehrsam und superleicht zu erziehen, liest und hört man immer wieder. Also war Emma entweder kein Golden Retriever oder ich eine totale Flachpfeife. Ich schlief mit halboffenen Augen, um den Hund und sein Körbchen neben dem Bett immer ein wenig im Blick zu haben. Ich schlief in Jogginghosen, um notfalls schneller nach draußen rennen zu können. Ich reagierte auf jedes kleinste Geräusch, das nach der Ankündigung einer Notdurft klang, mit sofortigem Aufspringen und Schuheanziehen. Außerdem hatte ich diverse unschöne neue Alltagsbeschäftigungen: Ich musste Wäsche oft zweimal waschen, weil Emma lieber im Wäschekorb schlief als in ihrem Korb. Ich stromerte morgens auf allen vieren schnüffelnd und mit der Nase tief am Boden ähnlich wie ein Dackel durch die Wohnung und suchte nach nächtlichen unentdeckten Malheurs. Ich trat barfuß in Hundehaufen. Ich versuchte, einen Welpen daran zu gewöhnen, dass eine einfahrende Bahn nicht die sofortige Flucht durch den U-Bahn-Schacht erforderte.

Nach vier Wochen »Urlaub« dieser Art war ich komplett urlaubsreif. Dazu quälte mich das Gefühl, womöglich der Aufgabe doch nicht gewachsen zu sein. Dabei hatte ich mir nur einen Golden Retriever angelacht, sozusagen den Automatikwagen unter den Hunden. Trotzdem war ich völlig fertig. Was machten erst die Menschen durch, die sich die *richtigen* Nervenbündel angelacht hatten? Wie zum Beispiel die erschöpft aussehende Rentnerin auf der Hundewiese, deren Pudel derart schlimme Geräusche von sich gab, sobald sie nur mal eben zum Supermarkt ging, dass die Nachbarn fragten, ob bei ihr ein Kind misshandelt würde. Oder der eigentlich so unkaputtbar wirkende Arzt, der neuerdings ratlos inmitten der inoffiziellen Selbsthilfegruppe auf der Hundewiese stand und von seinen Aggressionen auf den Riesenschnauzer erzählte, der jüngst friedlich und mit lupenreinem Gewissen im Korb geschnarcht habe, obwohl er nur Minuten zuvor die gesamte Polsterung des Ledersessels gegessen habe. Ich war ja vergleichsweise gut dran, denn Emmas Zerstörungswut hatte sich auf einen Holzlaufstall beschränkt, den ich extra für sie angeschafft hatte.

Zusätzlich verunsicherten mich die einschüchternden Positivbeispiele von Hundebesitzern, für die rein gar nichts ein Problem zu sein schien: Wie, zum Teufel, hat es der eigentlich überhaupt nicht durchsetzungsstark wirkende Nachbar bitte hinbekommen, dass sein Foxterrier aus dem gestreckten Galopp kurz vor dem Erreichen einer Gruppe Stadtpark-Kaninchen abrupt stoppt und sich auch am Bordstein vorschriftsgemäß hinsetzt? Oder diese Bekannte, deren Boxer jeden Tag wie eine Sphinx vor dem Supermarkt liegt und bewegungslos auf die Wiederkehr der Besitzerin wartet, wohingegen Emma sich eigenständig und umweglos an die nächste Wurstbude begibt, sobald ich auch nur eine Sekunde aus ihrem Blickfeld verschwinde? Vielleicht streichelte ich sie falsch. Die korrekte Streicheltechnik wurde mir ebenfalls auf der Hundewiese beigebracht. Immer mit dem Strich. Am Ohr langsam und mit leichtem Druck anfangen, die Hand schneller werdend bis zur Flanke führen, um sie dann abrupt nach hinten oben wegzuziehen. Aber das kann es doch bitte schön wohl nicht sein. Oder doch?

In dieser Zeit verschafft nur eine Menschengruppe ein wenig Linderung in der großen Verwirrung: andere Welpenbesitzer. Denn sie zeigen, dass es bei jedem kompliziert ist und alle im gleichen Boot sitzen. Man verständigt sich darüber mit einem solidarischen Nicken, wenn man morgens um vier nach einem riesigen Winsel-Alarm, der keine Fehlinterpretation zuließ, frierend und im Bademantel durch Zufall nebeneinander auf dem grünen Shit-Strip zwischen den zwei Fahrspuren einer Partymeile steht, jeder mit einem Welpen an der Leine und in entwürdigender Kleidung – und das Tier nun aber nicht im Entferntesten vorhat, irgendeine Art von Geschäft zu verrichten, sondern seit einer Viertelstunde in stoischer Seelenruhe ein Blatt aus allen Perspektiven beschnuppert. Was nicht heißt, dass das Geschäft nicht womöglich später zu Hause verrichtet wird, wenn der Hund nicht vom Pinkeln abgelenkt wird …

Man braucht in dieser Situation keine Worte. Ein kurzes stummes Nicken reicht, um zu sagen: Ich weiß auch nicht, warum wir uns das hier antun. Ist es das wirklich wert? Dies sind wohltuende Situationen der stummen Solidarität, des wortlosen Einvernehmens darüber, dass alle Anfänger das Gleiche durchmachen. Dass da nun mal jeder durchmuss auf dem Weg zu einer harmonischen Mensch-Hund-Beziehung.

Denn mit dem Einzug des Welpen wird unmissverständlich deutlich, was man vorher zwar irgendwie ahnte, aber doch nicht wirklich verinnerlichte: Man hat sich einen Partner ins Haus geholt. Ein niedliches Tierbild ist auf einmal eine Persönlichkeit geworden. Das süße Video aus dem Internet ist ein Lebewesen mit Macken und eigenen Vorlieben, das nicht nur blind folgen, sondern auch eigene Regeln aufstellen und gestalten will. Das ist erst einmal ernüchternd. Doch die Momente, in denen man merkt, dass man immer mehr zusammenwächst, häufen sich und geben einem wahnsinnig viel zurück. Etwa der Moment, in dem Emma das erste Mal freiwillig mit mir nach Hause ging, anstatt sich weiter mit dem Beagle gegenseitig wie im Wahn in die Ohren zu beißen. Der Moment, in dem sie beim »Platz«-Üben plötzlich mit dem Schwanz wedelte, weil ihr das Üben Spaß machte. Der Moment, in dem sie das erste Mal geschwommen ist, nur weil ich vor ihr in den See gegangen bin und sie mir blind vertraute.

Oder der Moment, als sie zum ersten Mal bei mir auf dem Bauch einschlief, schnarchte wie ein ausgewachsener Zuchtbulle und ich das Gefühl hatte, sie schläft nur deswegen so tief, weil ich da bin.

Ja, Welpen stressen. Sie rauben Schlaf, Nerven und materielle Güter. Die Natur hat es mit Absicht so eingerichtet, dass sie dabei so wahnsinnig niedlich und unschuldig aussehen, ansonsten würde man sie sofort wieder abgeben oder nach einer Woche irgendwo »versehentlich« beim Einkaufen vergessen. Trotzdem wird man in der Retrospektive mit einer Art nostalgischer Verklärung auf die Welpenzeit des eigenen Hundes zurückblicken und sich versonnen an das besonders seidige Fell und die besonders spitzen Milchzähne erinnern oder an die niedlichen Schwimmübungen im Trinknapf, die alles überschwemmt haben. Man wird nicht sagen: »War das nicht furchtbar, als wir die neue Couch kaufen mussten, weil Balou die alte in Stücke gerissen hat?«, sondern man wird sich einig sein, dass alles, was Balou als kleiner Hund getan hat, wahnsinnig niedlich gewesen ist.

Wie lange es dauert, bis man seinen Lieblingssessel aufgibt

Wir befinden uns im Reich der Tiere. Alles läuft hier vergleichsweise einfach. Es gibt keine Diskussionen, es gibt von Hundeseite her kein Verständnis dafür, dass es sich beim Lieblingssessel um einen echten Eames Chair handelt, auf dessen Anschaffung man mehrere Jahre lang gespart hat.

Es gibt von Menschenseite her auch kein Verständnis dafür, warum der Leonberger unbedingt auf der Couch schlafen will anstatt im extra für ihn angeschafften XXL-Korb, der jetzt den Flur ziert.

Die Aufteilung der Besitzverhältnisse zwischen Mensch und Hund ist aus Hundeperspektive ebenfalls ziemlich simpel: Ein Objekt, an dem beide Parteien Interesse anmelden, gehört demjenigen, der die meisten Hinterlassenschaften dort platziert. Zu diesen Hinterlassenschaften zählen Gegenstände, Körperflüssigkeiten, Essen, Haare und Schmutz. Kurz: Wer das Möbelstück am meisten benutzt, darf es automatisch auch behalten. Um seinen Anspruch anzumelden, wird der Hund zum Beispiel irgendwann ein Spielzeug auf dem Sessel hinterlassen. Dies ist als klare Kriegserklärung zu verstehen. Wenn Ihnen etwas an Ihrem Sessel liegt, müssen Sie nun sehr konsequent handeln. Schmeißen Sie das Spielzeug sofort in den Müll und besetzen Sie den Sessel ab sofort permanent (zur Not auch nachts), um klarzumachen, wem er gehört. In kurzen Momenten der Abwesenheit lassen Sie unangenehme Dinge darauf liegen, etwa großformatige Zeitungen, Fussel- oder Haarbürsten. Vielleicht haben Sie Glück, und der Hund wendet sich entmutigt und beleidigt einem anderen Objekt der Begierde zu. Wenn dies jedoch nicht der Fall sein sollte, haben Sie so gut wie verloren. Denn dann meint er es ernst mit dem Sessel.

Die Taktik der Hunde ist radikal. Sie werden sich nach Spaziergängen und Schlammbad nass auf dem Sessel wälzen und dabei provokanten Blickkontakt mit Ihnen halten. Irgendwann spüren Sie einen fettigen Film an Ihren Händen, sobald Sie mit dem Sessel in Berührung gekommen sind. Es dauert dann nicht lange, bis das Herrchen den Sessel vor Ekel gar nicht mehr zurückhaben will – normalerweise nach zwei bis drei Wochen.

Gegen diese perfide Hundestrategie kommt man einfach nicht an. Und man beginnt, sich damit abzufinden. Dann hat der Hund halt den Sessel. Die Couch ist schließlich auch ganz bequem.

Ja, Welpen stressen. Die Natur hat es so eingerichtet, dass sie dabei wahnsinnig niedlich und unschuldig aussehen.

Wie Hundehalter ticken

»Du siehst aber interessant aus ...«
Der Konkurrenzkampf um den besten Hund

Als Emma und ich damals, im Jahr 2004, die ersten Runden durch das Belgische Viertel in Köln drehten, wünschte ich mir nach kurzer Zeit, sie würde aussehen wie ein ausgewachsener Pitbull anstatt wie ein weißes Wollknäuel mit dicken Pfoten, Knopfaugen und einem Schwanz, der permanent wedelte, als habe man sie mechanisch aufgezogen. Ich wünschte mir, die Menschen würden einen großen, respektvollen Bogen um uns machen, anstatt sich sofort vor uns hinzukauern, euphorisch zu kreischen und mit Sätzen in Babysprache die Arme um Emma zu schließen. Auch der vorgeschobene Hinweis, der Hund sei todmüde und bräuchte gerade mal eine Auszeit, verfängt hier nicht, schon gar nicht, wenn der eigene Hund einem bei dieser Vermeidungsstrategie in den Rücken fällt und vor Freude grunzend auf dem Rücken liegt und sich spielerisch und aufgekratzt in die Hand des dahinschmelzenden Passanten verbissen hat.

Ein Hund ist ein Aufmerksamkeitsgarant. Dies aber auch im Guten. Gespräche und Seilschaften ergeben sich völlig von allein, jeder Parkspaziergang kann problemlos zur Plauderrunde ausarten. Denn Hundebesitzer lieben die Gesellschaft von ihresgleichen. Allerdings kennen die Gespräche meist auch nur ein Thema: den Hund. Mit allem, was dazugehört, von A wie Analdrüsensäuberung bis Z wie Ziemer, dem stinkendsten Snack der Hundewelt (es handelt sich um den getrockneten Penis eines Ochsen). Diese Monothematik ist kein Wunder: Denn im – meist von Nicht-Hundehaltern dominierten – Berufsalltag des Hundebesitzers muss sich das Herrchen zurücknehmen, um nicht als totaler Freak zu gelten, und so staut sich täglich einiges an Themen an, was nun unter Gleichgesinnten ungefiltert herausgelassen wird. Endlich können sich die Hundebesitzer ungebremst über die Dinge unterhalten, die für sie wirklich wichtig sind. So entstehen schon mal stundenlange Fachdiskussionen über die optimale Zahnsteinprophylaxe bei Carnivoren und über die Vor- und Nachteile der Rohfütterung, und keiner verdreht die Augen oder sieht aus, als müsse er sich auf der Stelle übergeben, nur weil man über die Konsistenz von Muskelfleisch spricht! Ein Traum!

Allerdings geht es beim Herrchen-Klüngeln auch um etwas anderes. Mit einem beiläufigen »Na, du siehst aber interessant aus« wird der inoffizielle Schwanzvergleich unter den Hundebesitzern eingeläutet. Denn bei jedem Gespräch geht es auch immer darum, die Niedlichkeit oder die Intelligenz des eigenen Hundes herauszustellen. Erst fragt man interessiert nach der Rasse – oder Rassenzusammensetzung – des Fremdhundes und lässt einige Komplimente fallen, bevor man zum eigentlich wichtigen Thema überleitet: dem eigenen Hund. Ob man denn gesehen habe, wie toll der Jerry den Frisbee bringe? Ob man nicht auch finde, dass diese Kreuzung zwischen Malteser und Yorkie wirklich optimal gelungen sei? Und ist dieses eine herabhängende Ohr von Eddy nicht ganz, ganz entzückend?

Wie auf Schulhöfen gibt es auch auf Hundewiesen die ausgewiesenen Stars eines jeden Freilaufgebiets. Und ganz ohne Eigenlob muss ich sagen, dass Emma eindeutig zu ihnen gehört. Sie hat nie Stress mit anderen Vertretern ihrer Art, sie verfügt über ein optimales, universell als niedlich angesehenes Erscheinungsbild, es ist keine Leine notwendig, man muss aus der Ferne nicht so etwas rufen wie »Achtung, sie mag keine Hündinnen!«, sie ist freundlich zu Menschen, und sie spult bei Bedarf ein unterhaltsames Entertainmentprogramm ab, sei es mit ihrem Stoffball, mit spektakulären Sprüngen ins Wasser (notfalls sogar mit Anlauf von Brücken) oder mit ihrem Angebertrick, der darin besteht, um einen beliebigen Baum herumzulaufen, wenn man den Befehl dazu gibt. Dass Emmas Angebertrick mit dem Baum (fast) ihr einziger Trick ist, der im täglichen Leben zudem nicht viel nutzt, braucht natürlich niemand zu wissen. Neuerdings immerhin kann sie sich außerdem auf Kommando schütteln, was aber – besonders nach ausgiebigen Tümpelbädern – nicht immer den erwünschten Applaus hervorruft. Auch Emmas Trick, auf meinen Befehl hin zu pinkeln, ist nicht unbedingt ein Publikumsbrüller, sondern eher eine sehr praktische Fähigkeit, wenn ich es mal richtig eilig habe.

Wichtig: Man darf sich nicht allzu sehr rühmen, selbst wenn man natürlich davon überzeugt ist, dass der eigene Hund der beste ist (was jedes Herrchen oder Frauchen denkt). Für eine friedvolle Atmosphäre auf der Hundewiese gilt wie überall im Leben ein Zusammenspiel von Geben und Nehmen. Wer sich bereits seit einer Stunde in Aufmerksamkeit sonnt und die Komplimente über den eigenen wohlgeratenen Magyar Vizsla mit dem seidigen Fell und dem astreinen Charakter nur mit bestätigendem Nicken quittiert, sollte nun wenigstens das eine oder andere freundliche Wort über den räudigen, missmutig am Rand herumlungernden, gestromten Boxermischling mit der seitlich heraushängenden Zunge verlieren, und zwar möglichst glaubhaft. Kleiner Tipp: Warum nicht einfach was über die schönen Augen des Hundes sagen? Denn hässliche Augen gibt es ja eigentlich überhaupt nicht, oder?

Doch auch wenn einem beim besten Willen überhaupt nichts Positives über den giftigen Pekinesen einfallen will, der mit plattem Gesicht zwischen den Beinen seines Besitzers kauert und nur von Zeit zu Zeit mit irrsinniger Geschwindigkeit dahinter hervorprescht, um einen Neuankömmling auf der Hundewiese mit röchelnden Bell- und Beißversuchen anzufallen, wird der Pekinesenbesitzer dieses Schweigen als grobe Unhöflichkeit deuten, nie aber auf die Idee kommen, dass mit seinem Hund eventuell etwas nicht stimmen könnte und einem einfach kein passendes Kompliment einfallen will. Denn der eigene Hund ist prinzipiell immer der beste. Und wenn dies jemand anderes nicht sieht, dann hat er halt den Hund verkannt.

»Ist mein Hund nicht niedlich?« Der Jahrmarkt der Eitelkeiten

Mit einem Welpen an seiner Seite ist man prinzipiell der Star auf der Hundewiese. Denn Welpen sind immer süß. Sie sind tapsig und unbeholfen und stellen mühelos jeden erwachsenen Hund in den Schatten. Jeder will Welpen anfassen, und alle haben Welpen lieb.

Gewöhnen Sie sich bloß nicht an diese exponierte Sonderstellung! Diese ständige positive Rückmeldung zu Ihrem Hund wird kein Dauerzustand sein. Spätestens ab der Pubertät Ihres Hundes ist es damit vorbei. Es wird nun nicht mehr alles verziehen und niedlich gefunden. Plötzlich ist es nicht mehr okay, wenn der halbstarke Boxer im Vollspeed andere Herrchen rammt, nur um seinen Überschwang zum Ausdruck zu bringen. Oder wenn der Halbstarke andere Hunde – gleichgültig welchen Geschlechts – besteigt, weil er nun mal gerade seine Sexualität entdeckt. Oder wenn er sich knurrend in fremde Schleppleinen verbeißt und mit ihnen Tauziehen spielt, als ginge es um sein Leben.

Spätestens jetzt müssen Sie plötzlich eigene Höchstleistungen vollbringen, um dem Rest der Menschheit klarzumachen, dass Ihr Hund der süßeste von allen ist und alles andere als gewöhnlich, sondern etwas ganz Besonderes – der Beste! Was er ja natürlich ganz ohne Zweifel ist! Aber in diesem Glauben leben alle Hundebesitzer.

Deswegen ist die Hundewiese ein Jahrmarkt der Eitelkeiten. Es gibt immer den schöneren, den gehorsameren, den sanfteren Hund als den, der am Ende der eigenen Leine hängt. Hat man sich eben noch selbst gefeiert für die Fortschritte des nunmehr halbjährigen Schleppleinentrainings, das es erlaubt, den Hund wenigstens davon abzuhalten, sofort im nächsten Gebüsch zu verschwinden, federt im nächsten Moment eine Joggerin mit weizenblondem Pferdeschwanz vorbei, an deren Seite (*an* ihrer Seite, nicht drei Meter dahinter und auch nicht mit kurzen Zwischenstopps, um den Inhalt von Mülleimern zu überprüfen) leinenlos ein sehniger, wunderschöner Weimaraner trabt.

Auch abseits der objektiven Schönheit gibt es eine Vielzahl von Ärgernissen. Da hat man sich für ein Heidengeld den schönsten Collie des weltbesten Züchters gekauft, bürstet täglich zwei Stunden und unter Einsatz seines Lebens dessen Fell zu einer imposanten Löwenmähne – und was passiert? Gerade als man auf der Freilauffläche damit beginnen will, sich in Komplimenten zu sonnen, schießt im unansehnlichen Schweinsgalopp ein fetter Mischling aus dem Gebüsch, zieht hechelnd ein paar lustige Runden auf der Wiese, grunzt, tanzt mit sich selber, animiert alle anderen Hunde zum Spielen, und schon kann man einpacken. »Was für eine niedliche Zeichnung!«, rufen die anderen Herrchen und wenden sich vom edlen Collie ab. »Was für eine ganz besondere Mischung!«

Übrigens, was den »Jahrmarkt der Eitelkeiten« betrifft: Es ist kein Wunder, dass man als Herrchen oder Frauchen damit beginnt, Komplimente, die eigentlich an den Hund gerichtet sind, auf sich selber zu beziehen, und geschmeichelt abwinkt, wenn ein Passant meint, der eigene Hund sehe ja wohl nicht aus wie sieben, sondern allerhöchstens wie vier. Oder wenn die wunderschöne Fellfarbenkombination des Hundes gelobt wird und man so reagiert, als sei dieses Kompliment auf das eigene Outfit bezogen gewesen. Denn irgendwie muss ja auch das eigene Selbstbewusstsein gefüttert werden. Und für Eitelkeiten um die eigene Person haben Hundehalter wirklich keine Kapazitäten. Schluss mit gängigen Begrüßungsritualen à la »Mensch, du siehst aber erholt aus heute« oder »Neue Frisur?«. Nein, das Herrchen oder Frauchen findet meist nicht einmal statt. Meinen Sie, ich kenne auch nur einen Menschennamen auf der Hundewiese? Nein. Aber ich kenne Rudi, ich kenne Bertha, ich kenne Filou, ich kenne Alice, und ich kenne Pontus …

Wenn ich mit Emma die Straße entlanggehe, werde ich selber so gut wie nie erkannt. Es kann sein, dass jemand sich nach zehn Minuten Knuddeln mit Emma meiner erbarmt und auch mir mal ins Gesicht schaut, aber die Regel ist das nicht. In gewisser Weise ist die Herrchenbranche wie die Pornobranche: Die wichtigen Dinge spielen sich in Unterkörperhöhe ab, also da, wo sich der Hund befindet. Völlig unentdeckt kann man seinen Herpes spazieren führen, man kann ungeschminkt sein, die Kontaktlinsen gegen die dicke Brille tauschen oder sich eine Scream-Maske aufsetzen. Es fällt eh keinem auf.

Vor einiger Zeit ging einmal eine Freundin von mir mit Emma durch den Park in Kreuzberg, weil ich keine Zeit hatte. Emma wurde begrüßt wie immer. Und die Freundin seltsamerweise auch. Denn es fiel schlichtweg niemandem auf, dass Emma sonst immer mit jemand anderem unterwegs war. Auf Hundewiesen geht es halt um Hunde, um sonst nichts. Da ist es nur konsequent, wenn man mit »Da kommt der Barney ...« oder »Da ist sie ja, die Laika ...« begrüßt wird und nicht mit »Mensch, da kommt ja die Frau Hayali!«.

Abgesehen davon ist die Hundewelt auch sonst nicht der richtige Platz für menschliche Eitelkeiten. Denn man sieht beim Spaziergang mit dem Hund in der Regel aus wie Crocodile Dundee, trägt Gummistiefel wie auf einem Fischkutter, ist immer schmutzig und läuft mit dem Gang eines Primaten.

Aber das Ganze ist überhaupt nicht schlimm. Denn gerade in der heutigen Zeit ist es auch mal wieder erholsam, wenn das eigene Ego für einen Moment in den Hintergrund treten darf und man eher damit angibt, dass der Hund neuerdings beidseitig Pfötchen geben kann, anstatt damit, was man selber heute wieder im Büro geleistet hat. Warum nicht einfach mal ausgiebig über Fellpflege und Wasserscheu des Hundes reden, anstatt sich gegenseitig zu erzählen, was für ein toller Hecht man ist?

Emma ist heute fast zehn Jahre alt, wird aber (mit absoluter Berechtigung, wie ich finde) oft auf weitaus jünger geschätzt. Was immer wieder zu folgendem Dialog mit Passanten führt:

»Wie alt ist die Emma denn?«

»Na ja, sie wird im Sommer zehn.«

»Ach was! Zehn Monate?«

»Äh, nein, zehn Jahre.«

Es folgen ein erstaunter Blick und ein Satz wie: »Waaas? Die sieht doch höchstens aus wie drei!«

Ich fühle mich in so einem Moment derart gebauchpinselt, als habe man mich beim Einkauf alkoholischer Getränke an der Supermarktkasse nach dem Personalausweis gefragt oder als hätte ich auf Emmas astreine Optik höchstpersönlich genetisch Einfluss genommen. Ein verzückter Seitenblick von Menschen, auf deren Urteil man ansonsten überhaupt keinen Wert legt, verursacht plötzlich großen Stolz, wenn es um den eigenen Hund geht.

Eine seltsame Fremdidentifizierung ist das, die man nicht mal von seinem Partner kennt. Wahrscheinlich nicht mal von seinem eigenen Kind. In der Hund-Herrchen-Symbiose findet sie jeden Tag statt. Es kann sogar vorkommen, dass ich auf das Kompliment reagiere, indem ich Emma anschaue und frage: »Emma, hast du das gehört?«, obwohl ich natürlich rational weiß, dass sie den Satz wahrscheinlich gehört, aber wohl kaum verstanden hat. Es dürfte ihr ohnehin ziemlich wurscht sein, ob der Nachbar sie niedlich findet oder nicht. Wenn er Leckerlis hat, ist er sehr nett. Ansonsten ist er nett bis egal.

Jedes Herrchen und jedes Frauchen kennt diesen Stellvertreterstolz. Allen Hundebesitzern ist sie gemein, diese absolute, verzückte Subjektivität, was das Verhalten des eigenen Hundes betrifft – nebst dem vollsten Verständnis für seine objektiven Macken. Der Verwandtschaftsbesuch hat zum Beispiel keine Lust darauf, dass der Dobermann-Rüde den gesamten Fernsehabend hindurch bräsig auf seinem Schoß sitzt? Hey, es ist immerhin eigentlich seine Couch, die er da großzügig mit dem Besuch teilt! Die schlammigen Abdrücke der kindskopfgroßen Pfoten der Dogge ziehen sich quer über die weiße Auslegeware bis hin zum Ehebett, auf dem die Dogge nun (unter der Bettdecke!) liegt und friedlich schläft? Schnell schnell, hol doch mal jemand den Fotoapparat! Der Jack-Russell-Terrier hat sich angriffslustig knurrend in die Wade des verängstigt beschleunigenden Joggers verbissen? Der will doch nur spielen! Außerdem ist das doch noch »ein Baby« …!

Emma hat – auch wenn ich es ungern zugebe – ebenfalls ihre Macken. Und ich bin als ihr Frauchen jederzeit bereit, diese Macken zu absoluten Tugenden aufzupolieren. Zum Beispiel ist Emma zwar ein wahnsinnig freundlicher Hund, allerdings spielt sie sich im Dunkeln gern als Wachhund auf und beginnt, Menschen anzubellen, vorwiegend betrunkene. Menschen anbellen wirkt unsympathisch – eigentlich. Aber bei Emma ist es okay. Denn es gibt in meiner Straße in Kreuzberg zum Beispiel einen geistig Verwirrten. Genau genommen gibt es in Kreuzberg sogar ziemlich viele geistig Verwirrte, aber dieser eine spezielle geht mir besonders auf den Geist. Er läuft ständig durch meine Straße und verwickelt alle Menschen, die ihm begegnen, in wahnsinnig anstrengende Gespräche, die nur dem Anschein nach Gespräche sind und in Wirklichkeit in sehr lange Monologe über die Verkommenheit der Welt ausarten. Der Mann ist laut, in der Regel betrunken und kommt immer viel zu nah mit seinem Gesicht an das eigene Gesicht. Alle in der Straße werden von ihm belästigt. Nur ich nicht. Jedenfalls nicht mehr. Zunächst hatte Emma ihn immer nur angebrummt. Er fand das offenbar lustig, oder er war einfach bloß beratungsresistent. Bis zu dem Tag, an dem Emma ihm gezeigt hat, dass sie auch richtig kann – also richtig bellen und dabei richtig gefährlich aussehen. Sie verfügt nämlich nicht nur über ein beeindruckendes Gebiss, sondern auch über ein ziemlich tiefes, langes Bellen, das auf einen Brustumfang von mindestens 80 Zentimetern schließen lässt, wenn man sie nicht sieht oder eben betrunken ist.

Insofern: Ich mag Emmas Bellen. Denn zufälligerweise bellt sie oft genau die Leute an, die ich auch anbellen würde, wenn ich ein Hund wäre. Emma übernimmt das sozusagen stellvertretend für mich, und dafür liebe ich sie.

Falls es wider Erwarten doch mal dazu kommt, dass Emma im Eifer des Gefechts einen »normalen« Passanten bei Dunkelheit anbellt, reicht ein strenges Wort von mir, und sie ist sofort wieder ruhig. Und das muss sie auch. Es kann schließlich nicht jeder wissen, dass es sich bei Emma um einen Papiertiger handelt – vor allem, wenn es dunkel ist und die Menschen nicht sehen, dass der Papiertiger aussieht wie Fuchur aus der Unendlichen Geschichte. Und wenn Emma nach einer (wirklich selten vorkommenden) Grenzüberschreitung vor mir steht, mit hängenden Ohren und eingezogenem Schwanz, bin ich meist gleich schon wieder versöhnt. Bei jedem anderen Hund fände ich es hingegen nicht süß, sondern ziemlich unerzogen und würde Konsequenzen einfordern. Das liegt nicht daran, dass Emma womöglich schöner bellt als alle anderen, sondern einzig und allein daran, dass Emma mein Hund ist. Und sollte jemand auf die Idee kommen, mir zu sagen, wie ich meinen Hund zu erziehen habe, dann wäre das keine gute Idee.

Wenn man die Entgleisungen fremder Hunde sieht, ist es mit dem großen Verständnis vorbei, und man schüttelt oftmals nur den Kopf. Überhaupt keine Erziehung, dieser Labrador – wie aufdringlich! Hat der Typ denn seinen Köter nicht im Griff? Können die nicht mal aufpassen, dass der Rottweiler nicht über Tische und Bänke geht? Also, hier gehört dringend mal jemand zum Hundetrainer!

Auch wenn einem sonst jede Form der übergriffigen Maßregelung unbekannter Menschen fremd ist: Man ist oft nicht davor gefeit, anderen Hundebesitzern Erziehungstipps zu geben, weil man der Meinung ist, der fremde Hund sei absolut nicht tragbar und gehöre dringend und für mindestens ein Jahr an die Schleppleine. Da muss der Besitzer halt in Kauf nehmen, dieses Jahr über jeden Tag mit Gartenhandschuhen spazieren zu gehen, um ebenjene Schleppleine auch wirklich festhalten zu können, sobald sich der gigantische Hütehund bei kleinstem Anlass mit seinen 50 Kilo Kampfgewicht hineinstemmt. Dann muss der Labrador halt auf dem Markt an die Leine, wenn er sich wirklich nicht zusammenreißen kann und mit einer ihm sonst völlig fernliegenden Sportlichkeit regelmäßig in die Käsetheke springt.

Diese Strenge weicht augenblicklich, wenn es um den eigenen Hund geht. Dann ist all das nämlich süß und herzallerliebst …

Ich glaube, dass es sich hierbei um eine Art biochemischen Schutzmechanismus im Herrchenhirn handelt, der automatisch dafür sorgt, dass man seinem Hund langfristig fast jeden Fauxpas verzeiht. Ansonsten würde man das enge, fast symbiotische Zusammenleben mit jemandem, der nach Pfütze und Pansen riecht, seine Körperbehaarung auf der dunklen Couch verliert, immer alles wegisst, nie was Neues einkauft und sich anschließend nie für irgendetwas entschuldigt, überhaupt nicht ertragen.

Emma zum Beispiel befindet sich in Restaurants (ihrer Lieblings-Wirkungsstätte) grundsätzlich an dem Tisch, an dem das meiste Essen serviert wird. Das ist in der Regel nicht der Tisch, an dem auch ich sitze, aber das ist ihr egal. Denn wir sprechen immerhin von einem Hund, der ohne weiteres in der Lage ist, ein Schweineohr in fünf Sekunden und ganz ohne Kauen zu vertilgen, und einem danach einen auffordernden Blick zuwirft, der deutlich sagt: »Hey, du wolltest mir doch ein Schweineohr geben! Ich hatte noch keins!« Wir sprechen von einem Hund, der seine Fixierung auf Nahrung derart verinnerlicht und perfektioniert hat, dass er allein vom Geräusch her in der Lage ist, zu unterscheiden, ob man gerade die Leckerli-Schublade oder eine andere Schublade öffnet, und das, obwohl die Schubladen zu ein und derselben Einbauküche gehören und der Hund sich im Wohnzimmer befindet. Einem Hund, der, egal um welche Tages- oder Nachtzeit und völlig egal, wo in der Wohnung er sich befindet und in welchem Zustand, immer plötzlich wie ein Phantom hinter einem steht, sobald man auch nur daran denkt, den Kühlschrank zu öffnen, um etwas Essbares herauszunehmen, was sich um Leber- oder Fleischwurst handeln könnte.

Restaurants sind also das Paradies für Emma. Besonders der Tisch, an dem das meiste Essen serviert wird. An diesem fremden (!) Tisch setzt sich Emma mit absoluter Entschlossenheit vor den dort sitzenden Gast und starrt ihn an. Sollte es sich um einen Tisch mit mehreren Gästen handeln, wechselt sie ihren Ansprechpartner im Minutentakt. Der Gast lässt sich in aller

Regel zuerst nicht aus dem Konzept bringen und versucht, sich weiter seiner Speise zu widmen, ganz so, als sei nichts. Emmas Kopf folgt telepathisch der Gabel. Der Gast wird nervös. Das Ganze kann sich minutenlang hinziehen. Manchmal hat Emma Glück und trifft auf einen echten Hundefreund, der die Regel »Nicht am Tisch füttern!« gerne ignoriert. In diesem Fall schaut der Gast Emma erst pseudostreng an, dann verzieht sich sein Gesicht zu einem konspirativen Lächeln, er hebt einen Zeigefinger, sagt »Siiiiitz«, worauf Emma sofort Folge leistet. Bei der Aufforderung »Pfötchen« lässt Emma routiniert ihre schwere linke Pfote in die Hand des Gastes sinken, der daraufhin entzückt quiekt und anstandslos ein Stück seines Entrecotes rüberwachsen lässt.

Bei der anderen Variante sind die Leute leicht ignorant bis genervt. Sie möchten ihr Menü allein genießen, ja, sie mögen Hunde vielleicht überhaupt nicht oder zumindest nicht solche, die sich nicht benehmen können. Der Gast will seine Ruhe, keine Zuschauer beim Essen und findet darüber hinaus, dass Emma stinkt. Ich sollte das verstehen, denn es ist schließlich nachvollziehbar. Und trotzdem verpasse ich es, Emma sofort streng von ihrem Wachposten abzuziehen und zu mir zu zitieren. Es ist halt auch schwierig, auf den ersten Blick zu erkennen, ob ein Gast gerne oder ungerne gestalkt wird.

Wenn der gestalkte Gast dann irgendwann meiner Ignoranz ein Ende setzt, indem er sich wehrt und genervt dazu auffordert, doch bitte mal den Köter zurückzurufen und ihn in Frieden essen zu lassen, reagiere ich nicht etwa mit einem Zeichen des Bedauerns, sondern mit einem beleidigten »Moment mal! Sie hat doch nur geguckt! Das wird ja wohl noch erlaubt sein!«

Ja, man verzeiht eine Menge beim eigenen Hund. Man legt

ein Verständnis an den Tag, das man in Beziehungen oder Freundschaften oft vergeblich sucht. Während man in Partnerschaften zuweilen schon ausrastet, wenn der andere nur seinen Tee zu laut kaltpustet oder immer schrill lacht, wird man im Bezug auf seinen Hund zum Versteher und Erklärungskünstler und daher auch nicht müde, anderen Leuten stundenlang klarzumachen, warum Mischlingshündin Bella nun mal im Restaurant ungern auf kalten Fliesen liegt und daher dringend auf den Schoß genommen werden muss (sie hatte doch so wenig als Welpe in Griechenland …). Warum der ansonsten so freundliche Barney andere Hunde einfach anbellen muss, wenn er angeleint ist (seit dem Beinahe-Beißvorfall vor zehn Jahren fühlt er sich nun mal an der Leine ziemlich schnell in die Enge getrieben). Oder warum Dackel Harry sich zehn Minuten genüsslich den Bauch kraulen lässt, bei Minute elf aber unangekündigt plötzlich genug davon hat und den streichelnden Menschen davon mittels seiner Zähne in Kenntnis setzt (er fühlt sich halt unheimlich schnell eingeengt, weil er ja acht Geschwister hatte und nun mal gezwungen war, seine Bedürfnisse unmissverständlich zum Ausdruck zu bringen …).

Hundebesitzer sind außerdem extrem flexibel, wenn es darum geht, sich selber den Bedürfnissen ihrer Hunde anzupassen, selbst wenn sie dafür große Mühen und Entbehrungen auf sich nehmen müssen. Ich habe zum Beispiel schon einige Freunde an ihren Hunden fast verzweifeln sehen. Da gab es den Kneipenbesitzer, der sich einen Herdenschutzhund angeschafft hatte, der ungünstigerweise wenig Wert auf laute Gesellschaft legte, was der Besucherzahl des Lokals nicht unbedingt zuträglich war. Die Lösung des Problems: Der Hund wurde nicht etwa abgegeben, sondern jeden Tag am frühen

Morgen zu einer Dame außerhalb der Stadt gebracht, die ein Grundstück zu bewachen hatte und sich über Verstärkung freute, und abends von dort wieder abgeholt. Oder die Freundin, die sich einen niedlichen, kleinen Jack-Russell-Mischling kaufte, um ihn abends mit ins Bett nehmen zu können und der ansonsten brav im Büro-Körbchen auf ihren Feierabend warten sollte. In einem langen, schmerzhaften Prozess musste sie sich damit abfinden, dass ihr Hund sich höchstens mit Gewalt oder kiloweise Fleischwurst ins Bett locken ließ und einer soliden Schlafphase im Büro ein mindestens dreistündiger Spaziergang vorausgegangen sein musste, bei dem sie im Idealfall ein Gummihuhn hinter sich herziehend mit lautem Geheul durch den Wald rannte. Was tut man nicht alles. Keiner der Leute, die ich kenne, hat sich nicht fast ein Bein dafür ausgerissen, seinen Hund zufriedenzustellen.

Und dieses Verhalten kenne ich auch von mir selber. Ich erinnere mich zum Beispiel an eine Situation, in der meine Freunde über mich wirklich den Kopf geschüttelt haben. Ich war bei Freunden zu Besuch in Köln. Emma war natürlich dabei. Es war Sommer und wahnsinnig heiß, das heißeste Wochenende des Jahres, also genau das richtige Wochenende, um stundenlang im Biergarten zu sitzen oder im Park gemeinsam zu grillen. Das machten wir auch. Oder fast zumindest. Denn ich war immer nur stundenweise dabei. Alle zwei Stunden lief ich mit Emma zum Aachener Weiher (der überhaupt kein Weiher ist, sondern eine Art einbetoniertes großes Wasserbecken), ließ sie gegen alle Vorschriften dort hineinspringen und begoss sie mit Wasser, bis ich das Gefühl hatte, sie stehe nicht mehr kurz vor dem Kreislaufzusammenbruch. Dass ich mich selbst stattdessen kurz vor dem Kreislaufzusammenbruch befand, während ich wasserschaufelnd vor einem Beton-Wasserbecken stand, war in dem Moment völlig zweitrangig. Für mich zumindest. Für alle anderen nicht.

Ein anderes Beispiel ist für Außenstehende fast noch irritierender: Als Emma ihre Stubenreinheit übte, habe ich sie stets nach draußen getragen und dort auf ein kleines Stück frisch gemähten Rasen am Straßenrand gesetzt. Dort pinkelte sie dann auch meistens brav und gewöhnte sich an, am liebsten auf Rasen ihr Geschäft zu verrichten. Auf diesem kleinen Grasstück vor meiner Tür wurde das Gras allerdings über die Monate immer höher, und ich als aufmerksames Frauchen hatte das Gefühl, dass das lange Gras Emma beim Verrichten ihres Geschäfts störte. »Pech«, würde jeder normale Mensch sagen, »Gras wächst nun mal, und der Hund wird ja wohl irgendwann auch ins lange Gras pinkeln, bevor er platzt.« Hundebesitzer aber denken anders. Und so ging ich kurzerhand mit meiner Küchenschere ans Werk und schnitt den Rasen wieder kurz. Eine Heidenarbeit. Aber Hauptsache, dem Hund geht es gut. Logisch, oder?

Die Hundewiese – ein ausgewiesener Expertenzirkel

Haben Sie schon mal den Begriff »Mütter-Mafia« gehört? Damit ist das Phänomen jener Mütter gemeint, die mit ihren sündhaft teuren Kinderwagen durch angesagte Bezirke flanieren, in Sachen Erziehung alles besser wissen und deren Kinder sich fast ausschließlich von Dinkelprodukten und ungespritztem Gemüse ernähren. Wenn man diese Randgruppe »Mütter-Mafia« nennen darf, dann kann man die eingeschworenen Hundebesitzer auf Hundewiesen und in Auslaufgebieten mit absoluter Berechtigung als »Köter-Cosa-Nostra« bezeichnen.

Allerdings handelt es sich hierbei nicht um ein Randgruppenphänomen, sondern um die erdrückende Mehrheit aller Hundebesitzer. Wer einmal auf der Hundewiese in Sachen Erziehung, Gesundheit oder Hundefreizeit um Rat fragt, willigt automatisch in einen geheimen Kodex ein. Er gehört nun dazu.

Denn Hundebesitzer werden bereits ab dem Moment, in dem sie etwa eine Woche mit einem eigenen Hund verbracht haben, zum ausgewiesenen Experten in allem, was Hunde betrifft. Es gibt auf diesem Gebiet fast kein Thema, bei dem ein Hundebesitzer mit den Schultern zucken und »Keine Ahnung« sagen würde. Man hat prinzipiell zu allem eine Meinung, und es spielt eine untergeordnete Rolle, dass der eigene Hund gerade mit erregtem Blick einer Fährte direkt in einen Kaninchenbau folgt oder einen Pekinesen am nächsten Baum stellt, während man über die richtige Methode der Gehorsamsbildung doziert.

Hundebesitzer neigen zum Schwarz-Weiß-Denken. Man ist unbedingt für etwas oder aber unbedingt dagegen. Selten herrscht entspannte Gleichgültigkeit. Entweder gilt man als absoluter Tierquäler, wenn man seinen Hund kastrieren lässt, oder man ist gerade dann einer, wenn man es nicht tut. Es gibt noch weitere typische Themen, die sich auf Hundewiesen ganz hervorragend eignen, um Glaubenskriege heraufzubeschwören. Gehen Sie einmal dorthin und stellen Sie eines der folgenden Themen zur Diskussion – und begeben Sie sich dann sofort in Sicherheit.

Das richtige Futter für den Liebling ist eines der zentralen Themen von Herrchen und Frauchen. Genau genommen ist es *die* Grundsatzfrage. Die beiden Extremstandpunkte lassen sich folgendermaßen herunterbrechen: Verköstigen Sie Ihren Hund mit einem ausgefeilten Ernährungsprogramm, gegen das Madonnas Speiseplan wie der Aushang in einer Frittenbude wirkt? Oder vertrauen Sie ganz auf den 10-Kilo-Sack vom Discounter oder die Fertigfutterdosen und nehmen damit willig in Kauf, dass Ihr Hund sich von Hühnerfüßen und Müll ernährt?

Die erste Fraktion vertraut auf eine Ernährungsart, die unter Hundekennern »Barf« genannt wird und gern mit »Biologisch-artgerechte Rohfütterung« übersetzt wird, obwohl die ursprüngliche Abkürzung für »Bones and Raw foods« steht, für »Knochen- und Rohfütterung« also. Kredenzt werden hier frisches Fleisch, püriertes Gemüse und meist noch ein paar Nahrungsergänzungsmittelchen. Und das Ganze bitte möglichst variationsreich. Das Internet hält hierzu eine derart unerschöpfliche Fülle von Informationsmaterial und Diskussionsforen bereit, dass man nicht zu Unrecht auf die Idee kommt, beim Barfen handele es sich mehr um eine Philosophie als um schnödes Tierfutter. Und tatsächlich: Argumente wie jenes, dass einem Wolf in freier Wildbahn recht selten täglich um Punkt 18 Uhr eine Mahlzeit mit ausgewogenem Fett-Eiweiß-Verhältnis und ausreichend Omega-3-Fettsäure über den Weg läuft, läuft bei den »Barf«-Jüngern ins Leere, so sehr sie ja eigentlich auf »Natürlichkeit« pochen.

Genau hier setzt meist die Kritik des Fertigfraß-Fütterers an, der das Bohei des Barfers ziemlich abgehoben findet –

und der allerdings auch nicht unbedingt mit Beispielen aus der freien Wildbahn um sich werfen sollte, während er seinem Dackel den formschön gepressten Trockenfutter-Mix in den Napf schüttet und der Dackel innerlich die Augen verdreht, bevor er notgedrungen isst, was auf den Tisch kommt. Und diese Dose, auf dessen Etikett frische Möhren, Erbsenschoten und ein glückliches Huhn abgebildet sind, sieht nach dem Öffnen leider so gar nicht nach ebendiesen Zutaten aus.

Die Standardfutter-Fraktion hält das Gehabe der Frisch-fleisch-Fütterer für wahnsinnig kompliziert. Man dürfe schließlich nicht vergessen, dass es sich beim Haustier eben doch nur um ein Tier handele und nicht um den Kaiser von China, der alle Geschmacksrichtungen dieser Welt ausprobieren müsse. Und außerdem gebe es schließlich auch hochwertiges und entsprechend hochpreisiges Fertigfutter, das den Nährstoffbedarf des Hundes nicht nur optimal abdecke, sondern auch noch aus hygienischen und organisatorischen Gesichtspunkten eine glatte Eins erhielte. Klar, es ist nachvollziehbarerweise nicht jedermanns Sache, ständig kleine Tupperdosen mit unfassbar stinkendem Blättermagen oder alptraumverursachendem Lefzenfleisch einzufrieden und wieder aufzutauen. Es hat auch nicht jeder Freude daran, dass im Eisfach des Kühlschranks kein Platz mehr für menschliche Lebensmittel übrig ist, da er stets bis oben hin mit portionierten Tüten gefrorenen Fleischs gefüllt ist.

Der Alltag des Barfers ist kein leichter, wie man sieht. Und spontane Treffen mit ihm auf ein Feierabendbier nach der Arbeit sind auch nicht mehr drin – weil »der Hund noch kein Abendessen hatte«. Man kann die tupperverpackte Salmonellen-Bombe ja schließlich nicht den ganzen Tag in der Handtasche mit sich herumtragen.

Der Durchschnittsfütterer kennt diese Probleme nicht, denn Trockenfutter oder eine Dose lassen sich pflegeleicht aufbewahren und bequem transportieren, und zur Not kann der Hund auch mal eine Mahlzeit überspringen und auf dem Weihnachtsmarkt eine Bratwurst essen, ohne dass er sofort allergisch reagiert oder sein ausgefuchstes Biosystem durcheinandergerät. Genau dafür sollte der Fast-Food-Fütterer sich in den Augen des Barfers schämen: Denn sein Hund verfügt dank der miesen Ernährung über nichts, was man überhaupt »Biosystem« nennen könnte.

Der Hund hat es in den Augen der Barfer verdient, dass man ihn nicht mit schnödem Trocken-Fast-Food langweilt. Außerdem sind die Barfer besessen von dem Gedanken an die ominösen, undefinierbaren »Füllstoffe« im Trockenfutter, die angeblich aus Sägespänen, Gummi und viel Schlimmerem bestehen. Diese Vorstellung ist wohl so grauenerregend, dass man für den besten Freund des Menschen gerne ein bisschen weiter geht als bis zum nächsten Supermarkt. Auch wenn das »Barfen« zuweilen so stressig wird, dass dem Herrchen selber oft nicht mal mehr die Zeit bleibt, seine Portion Pommes mit Majo aufzuessen, weil er ja schon wieder weiter muss, um noch irgendwo bis 18 Uhr das Knoblauchgranulat für den Hund zu bekommen.

Emma hat als Welpe Trockenfutter bekommen, schon allein deswegen, weil sie zu Beginn ihr Futter eigentlich ausschließlich aus dem (dann doch bald verschmähten) Futterbeutel bekommen sollte, was mit Frischfleisch ziemlich eklig geworden wäre. Mittlerweile bekommt Emma schon seit Jahren Frischfleisch – obwohl ich mich manchmal schon um die Gewichtung Mensch-Tier sorge, wenn ich den Kühlschrank öffne und das ganze Gefrierfach so vollgestopft ist mit eingefrorenen Fleischportionen, dass für meine Tiefkühlsachen kein Platz mehr ist.

Meine Entscheidung für die Frischfleischfütterung hatte zwei Gründe. Erstens: Wer so gerne frisst wie Emma, sollte bitte auch möglichst gesundes Zeug fressen. Zweitens: Emmas Hundesitter Stefan, der gleichzeitig gewissermaßen ihr Ersatzherrchen ist, hat gesagt, dass überhaupt nichts anderes in Frage käme – basta! Und da ich ihm in Hundethemen nie widersprechen würde und Emma sich mit ihren zehn Jahren einer wirklich guten Gesundheit erfreut, gibt es für mich keinen Grund, irgendwas daran zu ändern. Zudem hat in meiner Nachbarschaft gerade eine Hundefleischerei aufgemacht. Und dass Emma ihr Futter zu lieben scheint, merkt man spätestens daran, dass sie regelmäßig vor diesem Laden stehen bleibt und mit dem Schwanz wedelt. Freilich: Damit das Ganze nicht zu gesund wird, gibt es immer noch Emmas geliebte Fleisch- und Leberwurst.

In zwei Punkten sind wir beide allerdings dann doch sehr flexibel: Es gibt keine festen Fütterungszeiten, und auf Reisen gibt es Trockenfutter. Denn ein eigener Koffer für Emmas Essen wäre dann doch ein bisschen zu viel des Guten.

Kastration: Ja oder nein?

Die beim ersten Hinhören völlig wertneutrale Frage »Ist Ihr Hund kastriert?« evoziert immer eine sehr entschlossene Antwort, nämlich entweder »Ja, natürlich!« oder »Nein, natürlich nicht!«. Nie schwingt Unsicherheit mit, ob die Entscheidung richtig war. Keinerlei Unentschlossenheit, ob man dafür ist oder dagegen. Kein Eingestehen, dass man davon absolut keine Ahnung habe und zu dieser Ahnung auch nie wird gelangen können – unabhängig davon übrigens, ob es sich beim Kastrations- oder Nicht-Kastrations-Opfer um einen Rüden oder eine Hündin handelt.

Argumentatorischer Knackpunkt scheint bei dieser Frage meist der Umgang mit dem Geschlechtstrieb des Tieres zu sein. Nimmt man dem Hund den Geschlechtstrieb qua Kastration einfach weg und »erleichtert« ihn damit um einen Stressfaktor? (Wobei niemand beweisen kann, dass es sich dabei wirklich um eine Erleichterung handelt, außer für den Besitzer selber, der nun seinem liebestollen Rüden nicht mehr drei Kilometer bis zum Haus der läufigen Hündin folgen muss.) Oder aber respektiert man die körperliche Unversehrtheit des Hundes und riskiert damit, dass der Hund sein Leben lang Opfer seines nie ausgelebten Sexualtriebs wird und zum Abreagieren in kaltes Badewasser getaucht werden muss?

Eine definitive Antwort gibt es nicht. Denn der Hund wird nie seine Meinung dazu sagen und es selbst entscheiden können. Genau deswegen reden sich Hundebesitzer so gnadenlos ein, die von ihnen getroffene Entscheidung sei die richtige gewesen. Denn für jedes liebende Herrchen wäre schon die theoretische Eventualität furchtbar, einen Eingriff getätigt zu haben, den der Hund so nicht wollte. Denn das Blöde an der Kastration ist: Sie ist endgültig.

Emma ist kastriert. Und auch ich neige eigentlich dazu, das als die einzig akzeptable Variante anzusehen, wenn man mit einem Hund in der Stadt wohnt und keinen Nachwuchs will. Diese Meinung revidierte ich kurzfristig, als ich Emma nach ihrer Kastration vom Tierarzt abholte. Schon im Empfangsbereich warnte mich die Sprechstundenhilfe, Emma könne durch die Vollnarkose vielleicht noch etwas komisch sein und zu Halluzinationen neigen. Ich verstand allerdings kaum, was sie sagte, denn das jammernde Geräusch einer mir unbekannten Tierart, die ich irgendwo zwischen Greifvogel und Raubtier verortete, überschallte alles.

Auf dem Flur kam mir das jammernde Tier dann benommen torkelnd entgegen. Es war meine Emma. Ein absolutes Häufchen Elend in einem weißen Body aus Verbandmaterial. *Der Mensch ist ein Egoist*, dachte ich in dem Moment und meinte eigentlich: »Ich bin ein Egoist!« Ich schlich beschämt aus der Tierarzt-Praxis und wagte kaum, Emma in die Augen zu schauen. Denn ich wusste ganz genau, dass ich mir zwar einredete, sie habe unter ihren zwei erlebten Läufigkeiten gelitten und überhaupt keine Lust auf Rüden-Stalking gehabt, aber ich wusste natürlich überhaupt nicht, ob das stimmte oder ob ich nur wollte, dass das stimmt – weil nämlich in Wirklichkeit *ich* diejenige war, die keine Lust auf Emmas Läufigkeit hatte. Denn eine läufige Hündin kann man schlecht in Pflege geben, wenn man wegmuss, und die Rüdentraube im Park hat mich fast wahnsinnig gemacht, obwohl ich verstehen konnte, dass sie ausgerechnet auf Emma abfuhren.

Trotz aller Dramatik kommt es in der Kastrationsfrage auch immer wieder zu unfreiwillig komischen Situationen. Zum Beispiel dann, wenn das ambitionierte Frauchen mit in die Hüfte gestemmten Armen auf der Hundewiese steht und apodiktisch doziert, dass sie selbstverständlich gegen Kastration sei, um ihren Hund a) nicht zu entmannen und b) der Natur und dem natürlichen Verhalten des Hundes nicht mehr als nötig im Weg zu stehen. Während ihres Vortrags besteigt ihr völlig überdrehter Schnauzer im Hintergrund sämtliche Hunde, egal welchen Geschlechts – und bringt den Rest der

Hundewiese ganz ohne Worte dazu, plötzlich und nun sehr überzeugt auf einmal für die Kastration einzutreten.

Besonders empathischen Herrchen, die das Gefühl haben, ihr Rüde würde sich durch fehlende Hoden »entmannt« fühlen, sei an dieser Stelle noch ein Hunde-Luxusartikel ans Herz gelegt: Mit der Hodenprothese für Hunde hat der Erfinder Gregg Miller inzwischen schon eine ordentliche Summe Geld verdient.

Der Hundefriseur: Quälerei oder Notwendigkeit?

Braucht ein Hund eine Frisur? Oder hat ein Hund von Haus aus bereits eine Frisur (wenn auch nicht unbedingt eine schöne) und es besteht überhaupt kein Grund, einen Hund zu einem speziellen Hundefriseur zu bringen, bei dem man mehr Geld ausgibt als für einen durchschnittlichen Menschenhaarschnitt?

Die Befürworter sagen: Es ist warm, der Hund schwitzt, das Fell kommt natürlich ab, der Hund muss geschoren werden, denn er kommt nun mal ursprünglich aus Sibirien und befindet sich bei Temperaturen über 20 Grad permanent kurz vorm Hitzetod. Die Gegner des tierischen Salonbesuchs vergleichen die zuweilen wirklich martialisch aussehenden Gerätschaften beim Hundefriseur mit einem Galgen und sprechen von »Todesangst«, die der Hund angeblich durchlebe, wenn man ihn auf den Frisiertisch hebe. Sie lassen als Gegenargument auch nicht gelten, dass der Hund die Assoziation mit einem Galgen vermutlich nicht herstellt, da er in aller Regel nicht weiß, was ein Galgen ist. Aber jenseits aller psychischen Belastung des Hundes finden die Frisiergegner einen Hundefriseur grundsätzlich einfach überflüssig. Denn ein Hund, der von Natur aus mit dem Haarvolumen von fünf Schafen geboren wurde, wird ja wohl auch über das genetische Vermögen verfügen, dieses Fell bei steigenden Temperaturen zu ertragen. Denn wo sollte diese Entwicklung sonst hinführen? Zum Blondieren von schwarzen Neufundländern, damit die in der Sonne nicht mehr leiden müssen als helle Königspudel?

Auch wenn der Hund von Todesangst wahrscheinlich weit entfernt ist: Unangenehm ist ein Friseurbesuch für ihn natürlich trotzdem. Denn Hunde mögen es einfach nicht, wenn sie fixiert werden, ein ihnen unbekanntes Gerät an ihrem Körper brummt und sie nicht wissen, was das Ganze überhaupt soll. Nein, kein Hund will gerne zum Friseur.

Emma muss trotzdem ein- bis dreimal im Jahr hin. Mittlerweile tut sie wenigstens nicht mehr so, als befände sie sich beim Friseurbesuch auf dem direkten Weg zum Schafott, aber sie hat trotzdem ziemlichen Stress. Doch auch hier haben wir eine Einigung gefunden: Aus dem Friseurbesuch haben wir ein unterhaltsames Wechselspiel aus Scheren, Ballspielen im Garten des Salons und ununterbrochener Leckerli-Verköstigung gemacht.

Emma hat es allerdings wirklich nicht leicht. Wir sprechen immerhin von einem Hund, der genug Fell besitzt, um noch drei weitere Hunde damit auszustatten, und pro Friseurbesuch ein halbes Kilo Fell lässt. Dies in einer wirklich langen Prozedur, die natürlich auch entsprechend teuer wird. Nach jedem Friseurbesuch habe ich den Eindruck, dass Emmas »Peiniger« erschöpfter sind als Emma selber. Und womöglich ist Emmas Zittern auch nur eine perfide Strategie, um möglichst viele Leckerlis zu ergattern?

Ich bin ein großer Befürworter vom Scheren im Sommer.

Und zumindest einer der Gründe ist unfassbar egoistisch: Emma sieht frisch geschoren so unglaublich niedlich und tapsig aus, dass die Leute auf der Straße sie nicht mal mehr für sechs Jahre alt halten, sondern für einen riesigen Welpen! Der zweite Grund: Ich muss mir bei einer frisch geschorenen Emma nicht anhören, dass sie ein Figurproblem habe, denn Emmas unbestrittener Astralbody kommt erst ohne das Pfund Fell so richtig zur Geltung. Und zu guter Letzt (das ist der entscheidende Punkt) habe ich das Gefühl, dass Emma im geschorenen Zustand weniger an der Hitze leidet, zumal sie hohe Temperaturen eh nicht gut verträgt. Wenn ich mir die Haarberge anschaue, die nach jedem Friseurbesuch auf dem Fußboden liegen und die sie nun nicht mehr mit sich rumschleppen muss, bin ich sicher, dass diese Annahme stimmt.

Rassehund oder Mischling?

Moralisch sind die Mischlingsbesitzer fast immer auf der sicheren Seite: Denn natürlich klingt es irgendwie schöner, einen vernachlässigten Tierheimhund zu retten, als für viel zu viel Geld einen verhätschelten Hund aus einer Zucht zu kaufen. Aber viele Menschen wollen nun einmal keinen Hund retten, sondern sie wollen sich mit möglichst geringem Überraschungsrisiko einen Sozialpartner anschaffen, bei dem sie ungefähr wissen, womit sie zu rechnen haben.

Der Mischlingsfan betrachtet den Rassehundbesitzer mit Argwohn und lässt keine Gelegenheit aus, ihn darauf aufmerksam zu machen, dass er in Wirklichkeit das Überraschungspaket bekommen hat: Sobald der Rassehund auch nur von der kleinsten Durchfallerkrankung heimgesucht wird, nickt irgendwo ein Mischlingsbesitzer süffisant und setzt einen »Hab ich's nicht immer gesagt?«-Blick auf. Denn Rasseköter werden schließlich immer krank – diese aristokratischen, überzüchteten, völlig uniform aussehenden Milchbubis, die keinen Schneid, keine Widerstandskräfte und kein Durchhaltevermögen haben und ständig von irgendwelchen rassetypischen Krankheiten geplagt werden. Der Mischling hingegen trabt mindestens 18 Jahre lang robust, putzmunter und superindividuell durch sein buntes Leben.

Die Besitzer von Rassehunden hingegen sehen das Ganze naturgegeben völlig anders. Sie schwärmen von der charakterlichen Standfestigkeit ihrer Tiere und dem schönen Gefühl, zu wissen, was man hat. Und es stimmt ja: Beim Rasse-Pekinesen hält sich die Gefahr in Grenzen, dass er urplötzlich beginnt, die Fährte des kilometerweit entfernten Damwildes aufzunehmen, und man erst in dieser Sekunde registriert, dass womöglich auch ein kleiner Terrier seine genetischen Pfoten im Spiel hatte. Man kann schließlich auch Pech haben und eine Mischung erwischen, mit der man absolut nicht zurechtkommt. Oder einen winzigen Welpen, der einfach immer weiter und weiter wächst, bis er die Größe eines Ponys anpeilt. Die Mischlingsbesitzer spielen in dieser Hinsicht tatsächlich ein bisschen Lotto. Allerdings beweisen sie häufig genug, dass sie damit den Hauptgewinn einfahren. Denn an Charme sind Mischlinge oft kaum zu überbieten.

Das prägnanteste Argument der Mischlingsherrchen lautet, es gebe schließlich genug arme Kreaturen auf der Welt, denen man helfen könne. Die Tierheime seien voll, und in spanischen Tötungsstationen säßen zum Teil charakterliche Perlen, die gerettet werden wollten. Es kommt ihnen wie Hohn vor, dass angeblich so tierliebe Menschen bereit sind, 1200 Euro für einen reinrassigen Cavalier-King-Charles-Spaniel auszugeben, anstatt eine durch Zufall entstandene Promenadenmischung aufzunehmen.

Ich gebe zu, ein bisschen recht haben sie damit. Ich wollte mich aus dieser moralischen Zwickmühle befreien, indem ich zusätzlich einen Spielkameraden für Emma aus einer Tötungsstation adoptiere. Stefan, mein Hundesitter und Emmas Ersatz-Herrchen, meinte allerdings, er glaube nicht, dass Emma das gefallen würde. Nun ja, immerhin ist sie bei ihm fast immer Teil eines großen Rudels und kann bei mir ihre Rolle als Einzelkind genießen, die ihr ziemlich gut steht.

Aber das wichtigste Argument für einen Mischling ist sowieso häufig nicht der hehre Rettungsgedanke, sondern die Tatsache, dass es sich bei ihm oft um Liebe auf den ersten Blick handelte und nicht um die minutiöse Planung einer Hundeanschaffung, bei der man neben Aussehen und Herkunft am liebsten noch den Charakter aussuchen würde. Das klingt natürlich viel romantischer – und ist es wohl auch, zumindest, wenn man mit dem Überraschungspaket zurechtkommt. Denn selbst die schönste Liebe-auf-den-ersten-Blick-Geschichte kann böse enden, wenn der Hobby-Marathonläufer sich versehentlich eine träge Mopsmischung zulegt, die nach zwei Kilometern lockerem Laufen ein ernsthaftes Atemproblem bekommt.

Braucht der Hund im Winter wirklich einen Mantel?

Hunde, die Kleidung tragen, rufen bei vielen Menschen Belustigung hervor. Zu Recht! Denn natürlich sieht es in den Augen des ohnehin verblendeten Herrchens wahnsinnig süß aus, wenn endlich Winter ist und der Zwergschnauzer mal wieder den kleinen Steppmantel mit Fellkragen trägt. In den Augen aller anderen Menschen allerdings sieht es in erster Linie ziemlich albern aus.

Und wozu, fragt man sich nicht ganz zu Unrecht, ist der Hund von Natur aus mit Fell ausgestattet worden, wenn er sich in einen Kunstlederblouson pressen soll, sobald die ersten Herbststürme durchs Land ziehen? Beim Italienischen Windspiel, das schon ab Mitte August auf den sicheren Kältetod hinarbeitet, wenn sich die Mittagssonne mal kurz hinter einer Wolke versteckt, macht man ja gern eine Ausnahme. Aber sonst? Ist es nicht auch ein hausgemachtes Problem, wenn der Dalmatiner friert, weil er nicht richtig rennen kann und er aber nur deswegen nicht richtig rennen kann, weil ihn ein Steppmantel daran hindert?

Zumal man bei diesen Mäntelchen das Gefühl nicht loswird, dass es sich in erster Linie um Kleidung handelt, die dem Herrchen gefällt und nicht unbedingt dem Hund. Sonst könnte man ja auch auf farbneutrale Fleeceleibchen zurückgreifen und nicht auf wild verzierte Modeklamotten mit witzigem Aufdruck und Frotté-Kapuze − oder gar auf Hunde-Deutschland-Trikots pünktlich zur WM.

Die Befürworter verweisen gerne auf die meteorologische Notwendigkeit der Winterkleidung für den Hund. Woher auch soll das andere Herrchen, dessen langhaariger, fettschichtgeschützter Mischling bei Wind und Wetter in den See springt, denn schon wissen, wie sehr ein Pinscher friert, wenn es kalt wird? Und auch falls es in Wirklichkeit unnötig sein sollte: Geschadet hat ein Mantel zu viel noch niemandem, oder …?

»Er hat heute schon dreimal groß gemacht.«
Die Intimität der Hundewiese

Menschen genieren sich in der Regel schnell und sind darauf gepolt, in der Menge nicht unbedingt aufzufallen. Kein lautes Brüllen in der Öffentlichkeit zum Beispiel, kein unkontrolliertes Tanzen (außer vielleicht auf der Betriebsweihnachtsfeier), keine detaillierte Beschreibung der letzten Fußpilzbehandlung beim Mittagessen in der Kantine und vieles mehr. Es herrscht ein ungeschriebener Verhaltenskodex, dem man fast instinktiv folgt, und man würde denken, dass es Menschen schwerfällt, sich diesen Regeln zu widersetzen.

Das stimmt nicht – zumindest nicht, wenn man zur Gruppe der Herrchen oder Frauchen gehört. Denn wenn es um Hunde geht, werden gesellschaftliche Konventionen unter deren Fans und Besitzern komplett außer Kraft gesetzt, als sei dies das Normalste der Welt. Man jauchzt laut und springt in Pferdchensprüngen durch öffentliche Parkanlagen, nur um die Aufmerksamkeit eines Hundes zu erregen. Man gibt Mampfgeräusche von sich und tut so, als würde man selber genüsslich an einem vom Zwergspitz verschmähten Zahnpflege-Kauknochen herumbeißen, nur um ihn dem Hund schmackhaft zu machen. Man knurrt den Hund in der Öffentlichkeit an, um ihm zu zeigen, wer das Sagen hat – notfalls auch auf allen vieren. Und wenn die Hundetrainerin aufträgt, seinen extrem aufsässigen Ridgeback-Rüden andeutungsweise mal zu begatten, damit dieser sieht, wie das ist, ständig dominiert zu werden – man würde es vermutlich tun.

Dieses Verhalten erscheint natürlich irgendwie paradox. Da druckst man stundenlang schwitzend vor dem Arbeitgeber herum, bevor man verschüchtert zugibt, dass man aufgrund eines schweren Brechdurchfalls heute etwas früher nach Hause muss, hat aber zwischen anderen Hundebesitzern überhaupt kein Problem, über Frequenz und Konsistenz des Stuhlgangs des eigenen Hundes zu referieren. Notfalls gerne auch mit Details.

Die Hundewiese kennt so gesehen keine Tabus. Prüderie hat hier keinen Platz. Hier wird hemmungslos ausgepackt, und das, obwohl man sich überhaupt nicht kennt. Verdauung (»Er hat heute schon dreimal groß gemacht«), Sex (»Ich gebe ihm ein Kissen zum Abreagieren«), Geschlechtsreife (»Wenn man sie hier anfasst, sieht man an ihrer Schwanzstellung deutlich, dass wir jetzt in den empfängnisbereiten Tagen sind«), körperliche Anomalien (»Riecht es nach Bier? Dann ist es ein Hefepilz«) – unter Hundefans kommt einfach alles zur Sprache, auch Dinge, die man bei RTLII als geschmacklos aburteilen würde.

Man muss in der Regel nur wenige Sekunden auf einer Wiese stehen und warten, dass der Hund seine Morgentoilette beendet hat, bis sich das erste andere Herrchen oder Frauchen dazugesellt und nach knappem Zunicken und kurzer Pause das Gespräch eröffnet, etwa mit einer Frage wie »Und? Geht es bei Ihrer auch schneller, wenn sie Nassfutter bekommt?«. Das sind Themen, denen man gerade auf nüchternem Magen normalerweise gerne aus dem Weg geht.

Doch man gewöhnt sich erschreckend schnell an diese seltsame Vertrautheit und empfindet schon nach kurzer Zeit erstaunlich wenig Scham, wenn man als Teil einer kleinen fremden Menschentraube einem deutlich erigierten Rüden dabei zusieht, wie er versucht, seine sexuellen Spannungen irgendwo abzubauen, und sei es an einem anderen Rüden. Oder irgendwo sonst.

»Bello hat's in Tirol besser gefallen als in
der Toskana.« Was Herrchen ins Tier
hineinpsychologisieren

Hundebesitzer sind sich in einem Punkt ausnahmslos einig:
Der Hund hat einen wirklichen Charakter! Natürlich hat er
das. Meist sogar einen komplexeren oder besseren als jeder
dahergelaufene Mensch. Er durchblickt jede Feinheit, er ist in
der Lage, Herrchen und Frauchen gegeneinander auszuspie-
len, er verfügt über enorme Menschenkenntnis. Wen dieser
Hund nicht mag, der muss Dreck am Stecken haben, so viel
ist sicher!

Diese hohe Meinung von den Gehirnkapazitäten des Hundes kann sich in Überzeugungen wie diese steigern: Der Hund
lässt sein Herrchen ganz genau spüren, ob ihm der Toskana-
urlaub besser gefallen hat oder der in Südtirol. Er kann durch
minimale Reaktionsunterschiede vermitteln, dass er Ochsenziemer viel lieber isst als andere Hundesnacks. Er mag von
allen Verwandten Onkel Horst am liebsten. Und er findet es
furchtbar, dass die Familie jetzt zum Geburtstag von Tante
Hertha aufbricht – die kann er nämlich von allen am wenigsten leiden. Deswegen guckt der Hund jetzt auch so traurig.

Denn der Hund ist ja nicht einfach nur ein instinktgelei-
tetes Tier, das bei demjenigen am meisten mit dem Schwanz
wedelt, der ihm täglich die Futterdosen öffnet und der nun
mal jeden Morgen vor ihm sitzt und dafür sorgt, dass er seinen
Auslauf bekommt. Das mag vielleicht (!) für die etwas tumbe
Nachbarstöle gelten, aber doch nicht für meinen Labrador!

Ich denke natürlich ganz genau dasselbe. Emma ist in meinen Augen die hundgewordene Weis- und Lebensklugheit.

Nicht umsonst nenne ich sie manchmal »Little Buddha«. Absolut zu Recht natürlich.

Hundebesitzer trauen ihren Hunden eine ganze Menge zu. Hunde schauen traurig, wenn man die Wohnung verlässt und sie nicht mitnehmen will. Sobald man den Koffer rausholt, werden sie regelrecht depressiv und wissen, dass da was im Busch ist. Hunde vermitteln unmissverständlich, dass Shopping in der Fußgängerzone sie ungemein langweilt (»Guck mal, wie er die Öhrchen hängen lässt!«). Hunde leiden sehr unter der Trennung von Herrchen und Frauchen – vielleicht sogar mehr als die Kinder. Und Hunde können sehr wohl zu verstehen geben, dass sie beleidigt sind, weil Sie versprochen hatten, Sie seien in einer Stunde wieder zurück, und nun sind es doch drei Stunden geworden …

Dem Neu-Herrchen kommt all das erst mal etwas suspekt vor. Verstört sitzt er zwischen anderen Frauchen auf der Bank im Auslaufgebiet, sieht seinem fröhlich buddelnden Hund zu und wundert sich über die Frau neben ihm, die ihm erzählt, ihrer Bichon-Frisé-Hündin sei es im Sommer am Schlachtensee zu voll. Und sie schiebt hinterher, die Hündin habe zwar nichts gesagt, ihr Blick allerdings habe Bände gesprochen. Und dieser Mann da vorne, der ernsthaft behauptet, sein Parson-Russell-Terrier wolle einfach nicht mehr Auslauf haben als das tägliche Auf und Ab auf dem Mittelstreifen der Hauptverkehrsstraße mit anschließendem Zigarettenkauf (»Der liiiiebt diesen Mittelstreifen!«).

Irgendwann fängt man dann selber an, dem Hund alles Mögliche zu unterstellen. Oft habe ich das Gefühl, dass auch viel Wunschdenken mit dabei ist. Man behauptet etwa, der Hund warte viel lieber im Auto als zu Hause – weil man in Wirklichkeit ein schlechtes Gewissen hat, ihn dabei allein zu lassen. Man sagt, Schäferhunde könne der eigene Hund generell nicht leiden – weil man sie eigentlich selber nicht mag. Oder man behauptet, die Hündin habe unter der eigenen Läufigkeit enorm gelitten – weil man sich nicht ganz sicher ist, ob man mit der Entscheidung für die Kastration richtiggelegen hat.

Wenn ich zum Beispiel behaupte, dass Emma total gerne in Kneipen sei, und ständig das Wort »Kneipenhund« verwende, wenn ich sie beschreiben soll – ist es dann in Wirklichkeit nicht nur mein eigenes schlechtes Gewissen, das sich schüchtern zu Wort meldet, wohl wissend, dass eigentlich kein Hund gerne in lauten, vollen, verrauchten Kneipen sitzt, sondern höchstwahrscheinlich lieber an einem Knochen kauend im ruhigen Wohnzimmer auf seiner warmen Decke liegt?

Vor ein paar Jahren habe ich Emma mal im Park verloren. Ich hatte einen Bekannten getroffen, angehalten und mich wohl etwas zu lange mit ihm unterhalten. Emma war in der Hochphase ihrer Pubertät, in der sie alles vergaß, was ich ihr jemals über gutes Hundebenehmen beigebracht hatte; sie langweilte sich und ging einfach weiter. Sie hasste Langeweile, und ich hatte ihr schließlich einen spannenden Spaziergang versprochen. Als die Unterhaltung zu Ende war, war Emma weg.

Ich suchte sie panisch und dachte wie eine besorgte Mutter an Rattengift, Hundefänger und Lastwagenunfälle. Dann fand ich sie – in einem Café! Dort hatte sie sich ein neues Frauchen gesucht. Sie saß übertrieben anschmiegsam neben einer Frau, tat so, als gehöre sie zu ihr, und ließ sich mit Apfelstücken füttern, obwohl sie so etwas eigentlich nie essen würde. Und ich bin mir sicher, dass sie mich mit einem feixenden, süffisanten Blick ansah, als ich kam, um sie abzuholen. Ein Blick, der sagte: »Siehst du? Ich bin nicht auf dich angewiesen und kann mir jederzeit ein fürsorglicheres Frauchen suchen, das sich Zeit nimmt für mich!«

Zugegebenermaßen: Es klingt ein wenig irre, was Hundebesitzer ihren Hunden an komplexen Gehirnleistungen und Gefühlen unterstellen. Und es ist völlig richtig, darüber zu schmunzeln und zu sagen, dass es keinerlei wissenschaftlichen Beweis dafür gibt, dass Hunde zu so etwas in der Lage sind. Aber es hat immerhin auch noch keiner bewiesen, dass sie es *nicht* können. Und: Millionen Hundebesitzer können nicht irren. Oder?

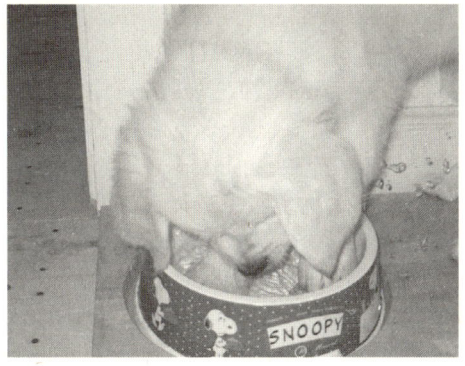

Wer so gerne frisst wie Emma, sollte bitte auch möglichst gesundes Zeug essen.

»Und alles ist Dressur …«
Wer erzieht hier eigentlich wen?

»Hiiiiierheeer!« Kommt der Hund,
wenn ich ihn rufe?

Hundeerziehung ist ein bisschen wie der Umzug in eine neue Wohnung: Man plant ihn mit dem festen Vorhaben, dass in dieser neuen Wohnung alles perfekt sein werde. Die Einbauküche wird integrierte Mülleimer haben, der Balkon eine blühende Oase sein, und jeder Raum der Wohnung soll eine eigene passende, dimmbare Deckenlampe haben, die auch noch gerade angebracht ist. Dann kommt der Umzug. Es herrscht eine Woche grenzenloser Aktivismus, dann beginnt langsam das Schwächeln. Es ist alles zu viel, man hat sich übernommen. Nun beginnt man, Abstriche zu machen. Okay, Rosmarin auf dem Balkon reicht auch, es müssen keine Orchideen sein. Okay, dann steht der Mülleimer halt in der Gegend rum. Und die nackte Glühbirne an der Decke sieht doch gar nicht soooo schlimm aus. Und wenn schon, Hauptsache, sie funktioniert.

Die Analogie zur Hundeerziehung: Beim Projekt Hund nimmt man sich vor, die Konsequenz in Person zu sein. Eine harte, aber faire Hand zu haben – kein Schwächeln, keine faulen Kompromisse. Das mit der Erziehung wird auf Gedeih und Verderb durchgezogen, auch wenn Freunde, Beziehung und Würde auf der Strecke bleiben sollten. Denn wer ein Jahr lang konsequent ist, wird 15 Jahre seine Ruhe haben – heißt es nicht so? Es wird der perfekte Hund, so viel steht fest. Man wird sich nicht mit läppischem »Sitz« und »Platz« zufriedengeben, das kann ja jeder. Der Hund wird auch den Befehl »Bleib« konsequent befolgen, notfalls bis es dunkel wird und er am Boden festfriert. Er wird noch aus dem Endspurt, wenn er den Damhirsch schon fast am Hinterbein erwischt hat, eine Vollbremsung machen, wenn man das Wort »Stopp« auch nur flüstert. Und bei jedem »Nein« wird der Hund die Fleischwurst selbst dann noch ausspucken, wenn sie bereits zerkaut ist.

So weit der Plan. Nach einigen Wochen mit dem neuen tierischen Mitbewohner merkt man dann, wie unglaublich anstrengend es ist, diesen Plan auch nur ansatzweise durchzuziehen; wie viel Energie man allein dafür aufbringen muss, den Hund daran zu gewöhnen, bitte draußen zu pinkeln anstatt auf die Badezimmermatte oder zur Abwechslung mal an einem Knochen zu kauen und nicht am Bein des Designerbetts. Und am Ende steht man da und sagt: »Mir würde es eigentlich schon reichen, wenn er kommt, wenn ich ihn rufe. Der Rest ist im Grunde egal …«

Dabei ist dieser Wunsch schon ziemlich ambitioniert. Denn Kommen, sobald man ruft, zählt bereits zur Königsklasse der Hundeerziehung. Es ist die Essenz des Gehorsams. Denn es gibt Kaninchen. Es gibt Rehe. Es gibt Vögel. Es gibt Grillteller, Misthaufen und Kuhweiden. Und es gibt Reiter, Spielgefährten und läufige Hündinnen. Auf Zuruf kommen bedeutet Verzicht auf alles, was interessanter als das Herrchen ist. Und das ist in der Regel so ziemlich alles.

Gleichzeitig beinhaltet die Aufforderung zum Kommen größtmögliches Demütigungspotential fürs Herrchen. Denn der Befehl wird meist laut gerufen, sehr laut. Wenn so ein kleines, im Privaten mal angetestetes »Pfötchen« nicht klappt – geschenkt! Wenn der Hund anstatt »Sitz« einfach wieder »Platz« macht, weil er weiß, dass dieser Befehl meist danach kommt und er getrost eine Stufe überspringen kann – unwichtig! Aber wenn der Hund im gestreckten Galopp auf die verhasste Nachbarshündin zubrettert und man ein durchdringendes »Hier!« hinterherschmettert, kann man sicher sein, die volle Aufmerksamkeit der Umgebung auf sich zu ziehen – und die volle Erniedrigung, wenn nach diesem Ruf rein gar nichts passiert. Man versucht es also noch ein zweites Mal mit einem nachdrücklichen »Hierher!«, weiß aber eigentlich aus Erfahrung, dass der Hund auch davon keine Notiz nimmt. Man schaut sich kurz verlegen um, verkneift sich ein »Aber eine Rolle kann er wirklich gut …« und rennt dann los, um die inzwischen entbrannte wilde Prügelei zwischen den Hunden zu beenden.

Darf der Hund ins Bett?

Der Hund und das Bett – ein Reizthema. So etwas wie die Gretchenfrage der Szene. Hundebesitzer antworten hier fast nie spontan ehrlich, sondern immer mit einem taktierenden Blick darauf, wer die Frage danach gestellt hat, ob der Hund eigentlich auch mit ins Bett dürfe oder nicht. Ist es ein Frauchen, das gerade dabei ist, ein belegtes Käsebrötchen mit ihrem Cockerspaniel zu teilen, indem sie abwechselnd von ebendiesem Brötchen abbeißen? Oder ist es ein Nicht-Hundebesitzer, der mit angewiderter Miene auf den hechelnden Husky schaut, der sich gerade beseelt und mit großer Leidenschaft in Ziegenkot wälzt? Ist Letzteres der Fall, reagiert der gemeine Hundebesitzer meist mit einem viel zu schnellen und viel zu apodiktisch daherkommenden »Nein, natürlich nicht!«, das selbstverständlich Misstrauen beim aufmerksamen Nicht-Hundebesitzer weckt.

Es gibt im Grunde nur eine vertretbare Antwort auf die Bettfrage: Nein, der Hund kommt nicht ins Bett! Warum? Weil ein Hund absolut nicht ins Bett gehört. Warum nicht? Weil es unbestreitbar eklig und hygienisch völlig untragbar ist. Hunde riechen übel, verlieren Haare, stinken entsetzlich aus dem Maul, tragen Zecken am Leib, laufen barfuß auf Großstadtasphalt, durch Vogelscheiße und Pfützen. Sie beherbergen Dinge in ihrem Fell, von denen nur ein Bruchteil erforscht sein dürfte, und lassen keine Gelegenheit aus, sich in Substanzen zu suhlen, die die Menschheit gemeinhin als wahnsinnig eklig betrachtet.

So weit die Faktenlage. Aber wie bereits klar sein müsste, bewegen wir uns in Sachen Mensch-Hund-Verhältnis ja eben nicht auf dem Terrain der Logik, sondern auf dessen Gegenteil. Außerdem: Wenn man alles nach den Kriterien der Hygiene oder der Krankheitsübertragung betrachten würde, dürfte kein Mensch mehr mit der U-Bahn fahren, in Kneipen Erdnüsse essen, jemand anderen küssen oder ihm auch nur die Hand geben.

Ich bin mir sicher, sogar der knallharte Obedience-Trainer mit der Hardliner-Attitüde hat schon mal in einem rührseligen Moment die Daunendecke gelüpft, um seinen Malinois reinzulassen, damals in diesem fiesen Winter. Jeder Hund hat schon mal im Bett seines Herrchens oder Frauchens geschlafen, entweder mit Erlaubnis oder aber zumindest unerlaubt. (Jeder Hundehalter kennt den Moment, wenn er spätabends aus dem Kino nach Hause kommt und vom Hund mit merkwürdig euphorischem Schwanzwedeln begrüßt wird. Wenn man dann sein Bett erreicht, liegt der Hund mit Unschuldsmiene im Körbchen, im Bett allerdings zeichnet sich deutlich eine noch warme, schmutzige, etwas haarige Kuhle in Hundegröße ab.)

Die meisten Hundebesitzer nehmen ihren Hund zumindest dann und wann mit ins Bett. Wenn der Mensch einen harten Tag hatte oder der Hund. Wenn es so kalt draußen ist. Wenn der Hund krank ist. Wenn der Mensch krank ist. Oder wenn sie einfach so schön ist, diese Vorstellung vom warmen, geliebten Hund, der tief und friedlich neben einem schläft und über den eigenen Schlaf wacht. Der vertraute Geruch seiner Pfoten, sein weiches, seidiges Fell, sein tiefer Atem, der sagt, dass alles in Ordnung ist. Ein Bild des absoluten Friedens, der absoluten Harmonie, der absoluten Gemütlichkeit.

Ein Bild, das allerdings oft in der Vorstellung sehr viel schöner ist als in der Wirklichkeit. Denn Hunde benehmen sich zuweilen ziemlich schlecht im Bett.

Das Einschlafen ist noch schön kuschelig. Doch das Ende der Gemütlichkeit beginnt meist noch vor der ersten Tiefschlafphase des Hundes. Unter dem Vorwand, sich nur mal kurz richtig ausstrecken zu wollen, weitet der Hund seine Liegefläche aus, indem er seine Gliedmaßen nach dem Ausstrecken einfach nicht mehr wieder einzieht und nun drei Viertel der Matratze blockiert. In der ersten Tiefschlafphase dann greift der Hund im Kampf um die Vormachtstellung im Bett zu seinem ersten drastischen Mittel: Er beginnt zu schnarchen. Und Hundeschnarchen ist ein Wachhalter, der niemals unterschätzt werden darf. In Rumänien zum Beispiel wurde vor einigen Jahren ein Mann von seinen Nachbarn verklagt, weil sein Hund, ein Napoletano, zu laut schnarchte und die Nachbarn im Plattenbau nicht schlafen konnten. Der Hund habe beim Schlafen so laute Geräusche von sich gegeben, dass sogar die Alarmanlagen in den Nachbarwohnungen losgegangen seien, hieß es. Die Behörden stellten vor Ort fest, dass das Hundeschnarchen den gesetzlich zugelassenen Lärmpegel deutlich überschritt. Man kann sich also noch glücklich schätzen, wenn der eigene Hund sich beim Schlafen nur wie eine Motorsäge anhört.

Sollte das Schnarchen nicht ausreichen, greift der Hund zum ultimativen Mittel, um die Herrschaft im Bett zu erlangen: Er fängt an zu träumen – und macht dabei einen unglaublichen Krach: Er knurrt und jault und gibt weitere Laute von sich, die man noch nie von ihm gehört hat. Außerdem hat er Muskelzuckungen, die sich anfühlen, als würde ein Kind auf dem Bett herumspringen. Mit der Ruhe ist es spätestens jetzt vorbei. Über den weiteren Verlauf der Nacht entscheidet, was für ein Schlaftyp Ihr Hund ist:

Viele Hunde sind wahnsinnig anhänglich im Schlaf. Dieser Klettentyp wanzt sich mit verstörender Hartnäckigkeit an seinen Besitzer heran, inklusive Hinterherrobben, unkontrolliertem Ablecken im Schlaf und konsequentem Anatmen bei offenem Mund. Er schläft auch gerne direkt auf dem Herrchen, was allein deswegen lästig ist, weil es sich beim Klettentyp oft um äußerst große Hunderassen handelt. Schon nach kürzester Zeit liegt das Herrchen dieses Hundetyps am äußersten Rand des Bettes, hat Atemprobleme und ist fast schon dankbar, als es endlich auf die Couch fliehen darf.

Beim Hundetyp »Diktator« hat man mit dem gegenteiligen Verhalten zu kämpfen. Der diktatorische Hund liebt es zwar ebenfalls, mit im Bett des Herrchens zu schlafen. Allerdings hätte er das Bett gerne für sich allein und braucht das Herrchen dort nicht unbedingt. Er wünscht keinen Körperkontakt während des Schlafens und auch keine Störungen, und selbst das leiseste Umdrehen des Herrchens wird mit einem wütenden Blick quittiert. Der Diktator-Hund sucht sich zum Schlafen trotzdem zielsicher die zentralste Stelle des Bettes aus. Das Herrchen bekommt dann die Erlaubnis, sich mit Sicherheitsabstand irgendwie um ihn herumzudrapieren. Und sollte das Herrchen den Diktator-Hund doch mal zärtlich ein winziges kleines bisschen zur Seite rücken wollen, um wenigstens ein serviettengroßes Stück der vom Hund belagerten Bettdecke zu ergattern, knurrt dieser – leise, aber ernst.

Beim Diktator-Hund handelt es sich oft um kleine und intelligente Rassen – was schon das zweite Problem hervorruft: Das Herrchen muss sich darüber im Klaren sein, dass es nicht funktioniert, den kleinen Jack-Russell mal für eine Nacht ins Bett zu lassen, weil er diese fiese Beißerei hatte und dem Herrchen leidtut. Wer dem Diktator einmal Einlass gewährt, muss anschließend drei Wochen lang sein Bett gegen den hartnäckigen Eindringling verteidigen. So lange wird der Hund nämlich jede Nacht versuchen, aus verschiedenen Winkeln und mit verschiedenen Tricks noch einmal in dieses Bett zu gelangen. Er wird sich unter Umständen sogar von der Decke abseilen oder ein Tunnelsystem entwickeln.

Oft scheitert das harmonische Schlafen mit dem Hund allerdings auch an einem weitaus banaleren Grund: Der Hund will gar nicht zum Herrchen ins Bett. Er findet es in seinem Körbchen nämlich sehr viel gemütlicher, weil er dort seine Ruhe hat, niemand unvorhergesehene Bewegungen macht – und weil es einfach ihm gehört.

Als ich das dritte Mal vergeblich versucht hatte, Emma mit Hilfe von Wurststückchen ins Bett zu locken, sah ich ein, dass hier irgendwas nicht stimmte. Es kann ja wohl nicht wahr sein, dass ich ausgerechnet einen Golden Retriever, diese angeblich auf so engen Kontakt mit ihrem Frauchen fixierten Hunde, mit Futter dazu überreden muss, mit mir in einem Bett zu schlafen. Seitdem ließ ich sie in Ruhe. Ich hatte die Hoffnung, sie würde schon von selber kommen. Außerdem war ich auch ein bisschen beleidigt.

Ich wartete. Und wartete. Ich lag frierend wach, während Emma in ihrem Korb selig schnarchte oder auch einfach das Zimmer wechselte und im Gästezimmer übernachtete. Zwischendurch stellte ich mir die Frage, ob es wohl übergriffig wirken könnte, wenn ich meine Decke greifen und mich einfach meinerseits zu Emma legen würde. Aber wenn ich das täte, würde Emma wahrscheinlich umgehend aufstehen und sich stattdessen in mein Bett legen, um dort ihre Ruhe zu haben. Und das wäre nun wirklich ein ziemlich unfairer Tausch – bei aller Liebe.

Seit etwa zwei Jahren trägt mein geduldiges Warten allerdings langsam Früchte. Am Anfang dachte ich, Emma habe etwas Schlimmes ausgefressen, als sie plötzlich zu mir auf die Couch hüpfte und dort ganz eng bei mir sitzen blieb. Dann merkte ich: Emma wird kuschelig, seitdem sie langsam zu einer älteren Dame wird. Sie sitzt zwar immer noch nicht auf meinem Schoß, und oft hat sie auch nach zwei Stunden im Bett keine Lust mehr. Aber es wird so langsam. Immerhin eine gute Sache am Älterwerden.

Ach so, die Leckerchen gibt es natürlich trotzdem noch – als Belohnung für das Ins-Bett-Kommen.

Die Leinenfrage: Mit oder ohne?

Für mich war immer klar, dass ich einen Hund haben will, der ohne Leine draußen herumlaufen kann. Auf diesen Gedanken kommt man ziemlich schnell, wenn man sich die Kämpfe ansieht, die Hundebesitzer zuweilen mit ihren Leinen und den daranhängenden Hunden ausfechten. Ich hatte überforderte Menschen vor Augen, die – in der einen Hand die kilometerlange Flexileine, in der anderen volle Einkaufstüten – bellende Hunde bändigen, sich in Leinen verheddern, andere Menschen zu Fall bringen, über verhakte Leinennetze klettern und nicht müde werden, dabei gebetsmühlenartig und entschuldigend zu erklären, der Hund sei »immer nur an der Leine« so schrecklich und eigentlich ein wahres Lämmchen, sobald er nicht angehängt sei. Die einfachste Lösung des Problems, so drängte es sich mir daher stets auf, wäre es, einfach keine Leine zu benutzen.

Aber so leicht ist es natürlich alles nicht. Auch mir wurde schnell klar, dass die Entscheidung »Leine oder nicht Leine« keine Frage ist, die man alleine trifft, sondern eine, die der entsprechende Hund maßgeblich mitentscheidet. Klar, ohne Leine laufen *können* tut jeder Hund. Die Frage ist nur, *wohin* er läuft, wenn man ihm die Leine erspart. Schlägt er sich sofort auf Nimmerwiedersehen rechts in den Wald, sobald er das Lösen des Karabinerhakens hört? Läuft er mit einer Fährte in der Nase sofort in Schlangenlinien über die Hauptverkehrsstraße, während man selber tausend Tode stirbt und mit wilden Handzeichen den gesamten Berufsverkehr lahmlegt? Sieht man ihn am Horizont auf irgendeinem Feld stehen, wo er über Stunden verharrt und sich nur dann bewegt (und zwar in die falsche Richtung), wenn das verzweifelte Herrchen sich ihm nähert, um ihn wieder einzufangen? Oder aber bleibt der Hund total entspannt an Frauchens Seite und würde lieber ein halbes Jahr auf feste Nahrung verzichten, bevor er ohne explizite Aufforderung auch nur einen Fuß vom Bürgersteig herunter auf die »gefährliche« Straße in der verkehrsberuhigten Zone setzt?

Golden Retriever wie Emma zählen ja nicht unbedingt zu den Revoluzzern oder Freigeistern in der Hundewelt, und es ist sicherlich schwieriger, einem Jack-Russell-Terrier beizubringen, drei Stunden entspannt wartend auf dem Caféboden zu liegen, während draußen Tauben, Passanten, Kinder und Artgenossen in Sichtweite eine kollektive Party zu feiern scheinen, als einem Retriever, dem es am allerwichtigsten ist, sein Rudel einigermaßen in der Nähe zu wissen. Aber – so viel Eigenlob muss erlaubt sein – bei mir kam auch eine Menge Eigenleistung hinzu. Denn wenn ich bei einer Erziehungsfrage wirklich konsequent war, dann war es das Üben, ohne Leine zurechtzukommen – und zwar nicht zuletzt aus totalem Eigennutz. Ich wollte Freiheit für mich *und* das Tier. Emma und ich übten also schon wie die Verrückten »Setz dich« und »Leg dich«, als andere Hunde ihres Alters noch nicht mal in der Lage waren, drei Schritte ohne Hinfallen geradeaus zu laufen. Außerdem übten wir wie irre, dass sie nicht auf die Straße rennt, sondern brav am Bordstein stehen bleibt, egal was sich auf der anderen Straßenseite gerade abspielt – und sei es die Vollversammlung der Leberwurstproduzenten.

Emma spielte bei diesen Übungen erstaunlich gut mit. Ich hatte das Gefühl, sogar ihr lag einiges daran, dass wir ein Leben ohne Leine führen. Auch in dieser Hinsicht passen Emma und ich ziemlich gut zueinander, denn sie scheint sich ungern in ihrer Bewegungsfreiheit beschneiden zu lassen, genauso wie ich. Im Gegenzug für diese Freiheit hält Emma sich auch an die Regeln, die ich ihr beigebracht habe. Zumindest einigermaßen.

Emma geht zum Beispiel nie so richtig bei Fuß. Aber sie hält sich entweder in einem Radius von drei Metern auf (Straße) oder in einer nach Emmas Regeln recht weitgefassten Definition von »Sichtweite« (Park). Das ärgert mich manchmal, und Freunde, die mit Emma zum ersten Mal spazieren gehen, irritiert es. Aber wenn ich mir die Hunde in meinem Bekanntenkreis so ansehe, scheint mir das doch ein ziemlich fairer Deal zu sein.

Ich habe zum Beispiel eine Freundin, die einen riesigen Mischling besitzt. Dieser Hund zieht derart an der Leine, dass ein gemeinsamer Spaziergang mit ihr nicht möglich ist – es sei denn, man nimmt seine Joggingschuhe mit und rennt die Strecke. Der Hund legt nämlich ein ungeheures Tempo vor, und die Bekannte stolpert durch die Spannung in der Leine in einem Affenzahn einfach nur noch hinterher. Das Ganze erinnert eher an Wasserski als an einen entspannten Spaziergang.

Oder diese andere Freundin, die mit ihrer Leine schon so lange kämpft wie mit dem an deren Ende hängenden Terriermischling Rudi. Dieser winzig kleine, zu allen Menschen unglaublich freundliche Kerl erzeugt einen solch wütenden, angsteinflößenden Lärm, sobald er an der Leine hängend andere Hunde erblickt, dass man denkt, man sei im Jurassic Park und nicht beim entspannten Biergartenbesuch. Sein Lärm wird nur manchmal unterbrochen, wenn er husten muss, weil er sich mit seinem Halsband selber die Luft abschnürt, wenn er Richtung fremder Hund zerrt.

Jeder Biergarten- oder Cafébesuch mit der Besitzerin des kleinen Terriers geht folgendermaßen vonstatten: Am Anfang tut sie noch, als sei alles ganz unkompliziert – normale Begrüßung, dann setzt sie sich. Der Hund sitzt sofort in kerzengerader Wachtmeisterposition und mit flinkem Blick an der kurzen Leine unterm Tisch. Noch während sie fragt, wie es mir geht, räumt sie eine Kofferladung an Übungsutensilien aus ihrer Handtasche und stellt sie auf dem Tisch ab: Wasserpistole zur Bestrafung, Leckerlibeutel zur Belohnung, Kauknochen zur Bespaßung. Die Begrüßung war der erste und letzte Moment unseres Blickkontakts, denn sobald die Freundin sitzt, beginnt sie beim Reden die Gegend nach eventuell passierenden Hunden zu scannen und Rudi, der bei jedem Zweikampf mit einem Hund den Kürzeren ziehen würde, alle 30 Sekunden zurück ins »Siiiitz« zu zitieren. Hat die Freundin irgendwo am Horizont, gerne auch mehrere Hundert Meter entfernt, einen Hund gesichtet, zückt sie bereits die auf dem Tisch paratstehende Wasserpistole, zischt ein strenges »Nein!« in Richtung Rudi und zielt präventiv auf ihn. Rudi, im Fadenkreuz der verhassten Pistole, versteift spätestens jetzt vollständig und beginnt mit einem empörten Knurren, weil die Freundin ihn überhaupt erst auf den anderen Hund aufmerksam gemacht hat. Dieses Szenario wiederholt sich in Berlin, der Stadt der Hunde, während eines Cafébesuchs etwa 20-mal.

Irgendwann während dieser Treffen haben Emma und ich meist einen kurzen Blickkontakt, bevor ich mich wieder meinem Getränk zuwende und Emma entspannt die Augen schließt und sich unter dem Tisch wieder auf die Seite legt. Dann denke ich jedes Mal: Von mir aus soll Emma mit der Auslegung von »Sichtweite« etwas laxer umgehen, als es mir lieb ist – ich hab trotzdem ziemlich viel Glück gehabt. Wir fahren mit unserer Regelung schon ganz gut.

Allerdings findet nicht jeder Gefallen daran, dass Emma ohne Leine durch Berlin tapert. Denn anhand der Leinenfrage kommt der Konflikt zwischen Hundebesitzern und Hundehassern natürlich besonders offen zum Vorschein. Herrchen denken, ihr Hund sei ja schließlich völlig harmlos und könne deshalb problemlos ohne Leine laufen. Menschen, die keine Hunde mögen, wiederum verstehen nicht, warum man all die Köter nicht einfach an die Leine nehmen kann, um einer – wenn auch nur theoretischen – Konfrontation aus dem Weg zu gehen.

Natürlich bin ich als Frauchen aus Prinzip auf Seite der Hundehalter und finde, dass die wenigen Auslaufgebiete nicht ausreichen, um Stadthunden eine artgerechte Haltung zu ermöglichen. Trotzdem verstehe ich einige Punkte der Hundegegner bzw. Leinenbefürworter. Zum Beispiel diesen: Es ist egal, ob das Herrchen laut »Der tut nichts!« brüllt, sobald der gigantische Hovawart seine 50 Kilo Lebendgewicht in Bewegung gesetzt hat, um in Maximalgeschwindigkeit einen Jogger zu stellen, weil das spaßhafte Verfolgen von Joggern nun mal zu seinen wirklich leidenschaftlichen Hobbys gehört. Denn auch wenn der Hovawart tatsächlich nichts tut, ist es das gute Recht von Menschen, vom Umgang mit Hunden verschont zu bleiben, wenn sie diesen nicht wollen. Auch wenn es Hundebesitzern nur schwer in den Kopf geht: Es gibt Menschen, die mit Hunden nichts zu tun haben wollen oder gar Angst vor ihnen haben und keinerlei Lust verspüren, von ihrer Angst oder ihrem Ekel befreit zu werden. Nein, wirklich nicht!

Das verstehen Hundehalter oft nicht. Denn eine der herausragendsten Eigenschaften der Herrchen und Frauchen ist ja nun mal ihr unbedingter Missionierungswille. Sie ertragen den Gedanken daran nicht, dass jemand mit Hunde-Abscheu durchs Leben zieht und sich um die wunderschöne Erfahrung bringt, diese wunderbaren Tiere zu erleben und sich seinen Alltag von ihnen versüßen zu lassen. Sie haben keinerlei Verständnis dafür, dass jemand den eigenen, so wahnsinnig herzzerreißenden und dazu noch unfassbar harmlosen Dobermann nicht genauso gernhat wie sie.

Anstatt also den Hund sofort anstandslos anzuleinen, sobald ein Nicht-Hundefan darum bittet, will das Herrchen ihn davon überzeugen, dass es keinerlei Grund für seine golfballgroßen Schweißperlen auf der Stirn gebe. Stattdessen sondert er mit verklärtem Grinsen sinnfreie Sprüche-Evergreens ab wie »Aber der ist doch ganz lieb! Streicheln Sie ihn doch mal!«.

Mit Emma habe ich natürlich das Glück, dass die wenigsten Menschen auf die Idee kommen, vor ihr Angst zu haben. Es gehört schließlich auch eine Menge dazu, sich vor einem weißen Fellknäuel zu fürchten, das permanent mit dem Schwanz wedelt, tapsige Pfoten hat, einen mit riesigen treuen Augen anguckt – und schon allein deswegen nie jemanden beißen würde, weil sie dazu schließlich ihren geliebten Stoffball aus dem Maul fallen lassen müsste.

Deswegen dient Emma eher als Übungsobjekt für Mütter, um kleine Kinder an den Umgang mit Stadthunden zu gewöhnen. Und dabei macht sie sich wirklich gut. Mir sind entspannte Mütter tausendmal lieber, die Emma als Reitpony, Kuscheltier und Wauwau-Übungsobjekt für ihr Kind betrachten, als jene Hysteriker, die schon aus hundert Metern Entfernung beim Anblick eines Hundes einen Schreianfall bekommen, ihr Kind hochreißen und kurz vorm Herzinfarkt stehen. Woher das spätere Hundetrauma der Kinder kommt, ist dann ja wohl klar.

Dimensionen der Sturheit: Wenn der Hund etwas will – oder auch nicht

Der Hund kann nicht sprechen. Zumindest nicht mit Worten. Deswegen hat ihn der liebe Gott mit unfassbar ausdrucksstarken Augen ausgestattet, damit er auch ohne Sprache unmissverständlich klarmachen kann, was er möchte oder was er eben nicht möchte.

Emmas Paradedisziplin ist das Starren auf Teller und das Fixieren von Gabeln, die zu Mündern und wieder zurück zum Teller geführt werden. Sie macht das mit einer derartigen Dringlichkeit, dass man sich vorkommt wie ein Tierschänder, wenn man ihr nicht wenigstens ein kleines bisschen vom Essen abgibt – mit riesigen, weitgeöffneten Knopfaugen, die nie blinzeln und die förmlich um Rettung vor dem sicheren Hungertod schreien.

Hunde arbeiten viel mit dem Blick. Sie starren stundenlang auf den Tennisball, den man auf den Schrank gelegt hat, damit der Hund ihn nicht erreichen kann. Oder sie schauen ihren Besitzer angriffslustig an, während sie feixend auf der Wiese stehen und sich weigern, wieder zu ihm zurückzukommen. Oder sie gucken wahnsinnig unschuldig, wenn man nach Hause kommt und den Hund in einem riesigen Haufen Müll neben einer leergefressenen Biotonne vorfindet.

Emmas zweites Steckenpferd in Sachen Sturheit und Durchsetzung ihrer Ziele, das sie mit vielen Vertretern ihrer Art teilt und über die Jahre perfektioniert hat, ist Zeitschinden. Sobald Emma zum Beispiel merkt, dass es im Wald in Richtung Auto (und somit in Richtung Rückfahrt) geht, fängt sie an, hemmungslos zu trödeln. Sie schlurft hinter mir her, als sei sie 18 Jahre alt; sekündlich vergrößert sie den Abstand und guckt um sich, ob es noch irgendetwas gibt, was sie erledigen könnte; sie riecht mit einer ihr sonst völlig fremden Akribie an jedem einzelnen Grashalm, und es kann sein, dass sie sogar auf einen noch meilenweit entfernten Dackel warten muss, um ihn zu begrüßen, obwohl sich Emma normalerweise wenig um ihre Artgenossen schert.

Hunde sind stur. Meist so stur, dass man sein Fahrrad drei Jahre lang mit Käse- und Wursthappen behängen muss, bis der Hund sich nach einem winzigen Unfall, bei dem keiner der Beteiligten auch nur annähernd verletzt wurde, wieder in die Nähe dieses grausamen Gefährts begibt. So stur, dass man am Waldrand immer wieder auf Hundebesitzer trifft, die ohne ihre Hunde ins Auto steigen und losfahren, während jene in deutlicher Entfernung im Wald stehen, Löcher buddeln, Hasen jagen oder schwimmen gehen – und ganz genau wissen, dass das Herrchen eh hinter der nächsten Ecke wartet, weil es ja nie wirklich ohne den Hund nach Hause fahren würde.

Ich konnte anfangs über die vielzitierte, angeblich grenzenlose Sturheit von Hunden nur müde lächeln. Was für ein Pech für Emma, dass sie sich den größten Sturkopf überhaupt als Frauchen ausgesucht hat. Emma würde gnadenlos am Bollwerk meiner eigenen Sturheit zerschellen, dachte ich mir. Das wird kein Kampf auf Augenhöhe.

Zum Showdown kam es schließlich, als ich mal wieder – wie

jeden Tag – mit Emma die gewohnte Morgenrunde ging. Emma lief – wie jeden Tag – etwa einen halben Kilometer vor mir und war so gut wie nicht mehr in Sichtweite. Ich dachte mir – wie jeden Tag –, dass ich eigentlich auch allein spazieren gehen könnte, denn von »meinem« Hund hatte ich mal wieder herzlich wenig. Doch heute wollte ich der störrischen Dame die Leviten lesen und bog an der Stelle, an der wir sonst immer links abbiegen, einfach mal rechts ab. Ich ging noch einige Hundert Meter und versteckte mich dann lehrbuchhaft hinter einem Baum. Dort saß ich dann. Und saß. Menschen kamen vorbei und hielten mich für eine Verrückte – im besten Fall für eine irre Stalkerin, im schlimmsten Fall für eine entlaufene Massenmörderin. Ich hatte das Bild im Kopf, wie Emma irgendwann mit wachen Augen, suchendem Blick und steilem Trab angelaufen käme, die Gegend scannend, und es ihr eine Lehre sein würde für ihr ganzes restliches Leben.

Es gab den steilen Trab mit dem suchenden Blick. Allerdings nicht von Emma, sondern von mir. Als Emma nämlich nach einigen Minuten immer noch nicht aufgetaucht war, fühlte ich mich in meinem Versteck wie ein fieser Unhold. Wie konnte ich meine Emma so übers Ohr hauen wollen? Sie meinte es doch nicht böse! Sie meint doch nie irgendwas böse! Was, wenn sie jetzt in totaler Panik kopflos umherirrte? Ich lief los und suchte meine Emma, doch sie war nirgendwo zu sehen. Ich rief eine Freundin an und postierte sie vor meiner Wohnungstür, falls Emma nach Hause käme – was sie wahrscheinlich nicht tun würde, da sie vielleicht bereits an der Kühlerhaube eines LKW hing oder irgendwo, wo es noch ungemütlicher war. Dann holte ich mein Rad und fuhr die Gegend ab. Auch wenn ich ein Verfechter der Leinenlosigkeit bin, dachte ich in diesem Moment nur, dass Emma sich sofort von einem leinenlosen Leben verabschieden durfte – falls sie noch lebte.

Irgendwann sah ich ein junges Paar mit einem Hund, der mir sehr bekannt vorkam. Das Paar hatte Emma im Park aufgegriffen, und Emma fühlte sich sichtlich wohl bei ihnen. Mir war klar, dass meine Sturheit in Emma ihren Meister gefunden hatte. Sie hatte für immer durchgesetzt, dass ich nach ihr gucke und nicht umgekehrt. Und das mit der Leinenpflicht zog ich natürlich auch nicht durch.

Die typischen Proben der Sturheit finden fast jeden Tag zwischen Herr und Hund statt. Das gilt zum Beispiel für das abrupte Stoppen an Wegesgabelungen auf Spaziergängen, verbunden mit der Weigerung des Hundes, weiterzugehen, was meist so viel bedeutet wie: »Moment mal, zum See geht es aber hier entlang. Also komm!« Oder aber das hemmungslose Ringen um den längeren Atem, beispielsweise bei der Frage, ob der Hund auf die Couch darf oder nicht. Wenn man sich als Herrchen da durchsetzen will, darf man nicht zu faul dazu sein, auch beim 25 000sten Mal noch ins Wohnzimmer zu gehen und den Hund von der Couch zu schmeißen, obwohl man schon im Bett lag, todmüde war, aber nun mal diesen Ton des Anlaufnehmens mit anschließendem dumpfem Absprungsgeräusch aus dem Wohnzimmer vernommen hat. Oder wenn der Hund sich vor der Zeckenzange erst einmal wirklich kreativ versteckt und dann, wenn man ihn endlich aufgegabelt hat, bei der Entfernung der Zecke so tut, als würde man ihm mit dem Brotmesser ein Bein amputieren – obwohl alle Beteiligten wissen, dass Zeckenentfernen nicht weh tut. Oder wenn es ausnahmsweise mal in die Wanne gehen soll, weil man tatsächlich den Geruch des eigenen Hundes nicht mehr erträgt, dieser aber wie ein Fels vor der Wohnungstür liegen bleibt. Auf die Frage, wo der Unterschied zwischen Wasser von oben (also aus dem Duschkopf) und Wasser von unten (etwa aus dem See) liegt, habe ich von Emma bis heute keine Antwort erhalten ...

Emma ist eine wahre Königin der Sturheit. Und dennoch hat sie über die Jahre hinweg ein gutes Gespür dafür entwickelt, wann ich etwas wirklich ernst meine und wann ich Dinge nur so dahersage. Und ist es nicht klar, dass man sich *nicht* an den Befehl »Emma, komm mal hierhin« hält, wenn die Besitzerin während des Ausspruchs lächelt und offensichtlich vor Verzückung fast vergeht, weil der Hund sich mitten in die Tür der Gastronomieküche gelegt hat, in der Hoffnung, dass dort gelegentlich etwas zu essen für ihn abfällt? Emma weiß, wann »hier« wirklich »hier« heißt, aber auch, wann es eigentlich fast egal ist.

Ich bin froh, dass sie dieses Gespür mittlerweile hat. Und ich erinnere mich mit Grauen an Emmas Pubertät zurück, als sie sich an nichts, an wirklich gar nichts von dem erinnerte, was ich ihr zuvor in mühsamer Kleinarbeit beigebracht hatte. Ich bin froh, dass das vorbei ist. Nur langsam stellt sich bei mir die Angst vor dem Altersstarrsinn ein. Denn dann geht das Ganze noch mal von vorne los.

Wie man mit der Sturheit des Hundes umgeht? Eigentlich klar: Man sollte sich auf diese Spielchen nicht einlassen. Wenn man nicht will, dass der Hund auf dem Sofa sitzt, muss man die Wohnzimmertür halt zumachen. Wenn man nicht zum Badesee will, sondern zurück zum Auto, muss man den Hund an der Kreuzung halt an die Leine nehmen. So weit die Theorie, in der ja eh immer alles super funktioniert. In der Praxis klappt das Ganze oft nicht ganz so gut.

Das liegt unter anderem daran, dass die meisten Hunde ein perfektes Manipulationssystem entwickelt haben, das es dem Menschen schwermacht, zwischen Ernst und Show zu unterscheiden. Na ja, in den allermeisten Fällen ist es Show, das wissen wir alle – aber dafür auch eine sehr gute. Womit wir gleich zum nächsten Kapitel kommen.

Hundemanipulation – Fiffis perfides System, sich am Ende immer durchzusetzen

Hunde sind Drama-Queens. Sie sind wie Schauspieldiven. Sie sind die Ausdruckstänzer unter den Tieren.

Haben Sie sich schon mal einen Stummfilm angesehen? Alles dort wirkt überzogen, overperformt und immer eine Spur zu pathetisch. Das muss aber genau so sein, denn wenn man weder Stimme noch Worte einsetzen kann, ist man gezwungen, auf Mimik, Gestik und Unmissverständlichkeit zurückzugreifen, damit auch wirklich dem letzten Zuschauer klarwird, was gemeint ist. Der Stummfilm-Schauspieler verzieht zum Lachen also nicht einfach seine Lippen zu einem Lächeln und wackelt ein bisschen mit den Schultern, nein, er reißt den Mund weit auf, biegt den gesamten Oberkörper erst nach hinten und dann wellenartig nach vorn und schüttet sich förmlich aus vor Lachen – denn sonst könnte ja jemand nicht mitbekommen haben, dass es hier gerade etwas komisch ist.

So ähnlich funktioniert auch die Hundesprache. Der Hund muss ganz ohne Worte klarmachen, worum es ihm gerade geht. Er kann nach der Abendrunde im kalten Novemberregen nicht einfach eine formlose Anfrage stellen, ob es okay wäre, wenn er heute mal ausnahmsweise mit im Bett schliefe, weil er nun tierisch durchgefroren sei. Nein, er muss sich stattdessen minutenlang neben das Bett setzen, erbärmlich und in Wellen zittern, abwechselnd auf Bett und Frauchen gucken, die Stirn in Sorgenfalten legen und ein permanentes, kaum hörbares Winseln von sich geben.

Er kann auch nicht einfach sagen, dass er langsam mal dringend aufs Klo muss und außerdem Bock auf einige schnelle Ehrenrunden im Park mit seinen Kumpels hat. Nein, er muss sich dazu im Büro um die eigene Achse drehen, er muss sein Körbchen verwüsten, er muss versuchen, seinen eigenen Schwanz zu fangen, sich auf dem Rücken wälzen und Geräusche von sich geben, als sei hier ein Exorzist vonnöten, oder er muss seinen Stoffball unmotiviert in die Luft werfen und auf den Boden plumpsen lassen, um die Tristesse seiner Lage zu verdeutlichen. Gern kombiniert er diesen Irrsinn noch damit, dass er in regelmäßigen Abständen den Kopf aufs Knie des Frauchens legt und geräuschvoll gelangweilt ausatmet. So lange, bis sie aufsteht und die Leine holt.

Und wenn sie die Leine dann endlich geholt hat? Der Hund springt und dreht sich im Kreis und wedelt dermaßen mit dem Schwanz, dass es ein Wunder ist, dass er nicht vom Boden abhebt. Kurzum, er tut so, als habe Frauchen sich gerade wieder das Allertollste der Welt ausgedacht. Die Leine holen – wie sie da bloß immer draufkommt …

Ein wirklich effektives Mittel der Manipulation durch Hunde ist der Trick, in völlig undramatischen Situationen so zu tun, als ginge es ihm ernsthaft an den Kragen – obwohl er es besser wissen müsste und wahrscheinlich auch besser weiß. Natürlich ist ein Besuch beim Tierarzt nicht angenehm, und es macht viel mehr Spaß, in Kaninchenlöchern zu graben. Trotzdem gibt es keinerlei Grund für einen Hund, dessen schmerzhafteste Erfahrung beim Tierarzt bislang eine Tollwutimpfung gewesen ist, sich dort aufzuführen, als habe sein letztes Stündchen geschlagen.

Gut, der Hund riecht die Angst der anderen Hunde, könnte man hier einwerfen. Und er merkt, dass auch alle anderen gestresst sind – ein Stress-Domino-Effekt sozusagen. Auffällig aber wird es dann, wenn der eigene Hund ein ähnlich dramatisches Spektakel aufführt, wenn es ums Heben in die Badewanne nach dem ausgiebigen Schlammbad geht. Hier gibt es keine Angstgerüche anderer Hunde, und trotzdem tut der Hund so, als würde er zum Schafott geführt, inklusive mindestens dreier Fluchtversuche – obwohl er weiß, dass in der Wanne nichts weiter passiert außer liebevollem Einshampoonieren, Einmassieren und Begießen mit warmem Wasser und anschließendem Trockenrubbeln. Föhnen nur bei Bedarf.

Das perfideste und effektivste Mittel der Manipulation durch den Hund ist allerdings sehr viel weniger ausdrucksintensiv. Es ist eine scheinbare Kleinigkeit, die aber genau wegen dieser Reduziertheit bei Hundebesitzern sofort ein Gefühl des schlechten Gewissens hervorruft. Vielleicht ist es die böseste Waffe der Hunde, jedenfalls zieht sie am besten. Ich nenne sie »den bösen Blick«. Er kommt in diversen Situationen zum Einsatz und führt dazu, dass das Herrchen sich fühlt wie ein Unmensch. Es ist ein kurzer Seitenblick des Hundes, den er immer dann anwendet, wenn etwas ganz und gar nicht so gelaufen ist, wie er es sich vorgestellt hat, und er aber trotzdem nachgeben muss, weil er, nun ja, halt »nur« der Hund ist und die ganze Evolution gänzlich falsch gelaufen ist. In diesem Blick liegen Vorwurf, Trauer, Kapitulation und eine große Portion unterdrückte Wut. Ganz nach dem Motto: »Nein, ich bin nicht sauer, ich bin nur enttäuscht.«

Der vorwurfsvolle, kurze Seitenblick des gebeutelten Leidtragenden kommt in folgenden Situationen und mit der folgenden Übersetzung beispielhaft zum Einsatz:

Bei zu kurzen Pipirunden an einem stressigen Tag
Übersetzung:
Tja, ich bin ja nur der Hund. Und weil du dir den Terminkalender heute so vollgeballert hast, muss ich mich mit demütigenden, kleinen Pipirunden um den Block begnügen. Siehst du eigentlich, dass ich gerade auf Asphalt pinkeln muss, obwohl du weißt, dass ich viel lieber im Gras pinkele? Falls es dir nicht aufgefallen ist: Ich ziehe ein Bein nach. Wahrscheinlich eine Thrombose vom dauernden Liegen.

Wenn das Herrchen den Hund aus dem Bett schmeißt
Übersetzung:
Okay, ich verlasse dein weiches, warmes Bett und lege mich stattdessen in mein sandiges, arschkaltes Körbchen, das übrigens total im Zug steht. Das ist zwar absolut nicht in Ordnung, aber ich bin ja schließlich nur ein Hund – dein Mitbewohner zweiter Klasse. Ich hoffe, du spürst mein Zittern, während du wohlig unter deinen Daunendecken liegst. Und falls dein Freund in zwei Tagen mal wieder Schluss macht mit dir, dann hol mich ruhig wieder rein. Ich bin gern der Lückenbüßer – mit mir kann man's ja machen.

Wenn das Herrchen den Hund füttert und sich dann vor seinen eigenen dampfenden Teller setzt
Übersetzung:
Hörst du mein Husten? Das liegt an dieser staubigen Mischung aus gepresstem Getreide und Fleischresten, die du mir

täglich vor die Nase stellst, während du dir Lasagne mit Bio-Hack reinziehst. Klar, ist dein gutes Recht, bist ja schließlich der Mensch. Aber nimm diesen Blick von mir, bevor ich mir den Fraß runterwürge. Die Portion ist übrigens reichlich klein.

Wenn das Herrchen sich die Schuhe anzieht, um ohne den Hund das Haus zu verlassen
Übersetzung:
Habe ich mich jemals draußen danebenbenommen? Habe ich irgendwas getan, wofür man sich mit mir schämen müsste? Nein! Siehst du? Du könntest dir den Film genauso gut später auf DVD angucken anstatt heute im Kino. Klar, geh, wenn du es in Ordnung findest! Und auch wenn du neulich eine Videokamera installiert hast, um zu schauen, wie es mir ohne dich geht: Ich habe *mit Absicht* auf dem Rücken in deinem Bett gelegen und so getan, als ob ich schlafe – weil ich nicht wollte, dass du dir Sorgen machst. Mir sind deine Gefühle nämlich *nicht* egal! Adieu, reite ohne mich weiter. Ich komm schon klar ...

Die Stummfilmhaftigkeit der tierischen Manipulationsstrategien würde man gern als generelle Regel aufstellen, aber das klappt natürlich nicht. Denn wenn es wirklich dringend wird, kann der Hund auch sehr laut werden, um seine Interessen durchzusetzen – spätestens dann, wenn er festgestellt hat, dass motivierendes lautes Bellen hervorragend funktioniert, um dem Herrchen klarzumachen, dass er die Hundefrisbeescheibe schnell noch ein weiteres Mal über die Wiese werfen soll. Dass das Bellen keineswegs motivierend ist, sondern dass das Herrchen einfach nur froh ist, wenn dieser schrille Ton endlich wieder aufhört, merkt der Hund natürlich nicht. Oder aber er stellt sich blöd. Was die wahrscheinlichere Variante ist.

Mit der Hundeschule könne man gar nicht früh genug anfangen, lautet der Grundtenor aller Menschen, die sich mit Hunden beschäftigen. Das ist völlig richtig. Die Hundeschule stärkt das Sozialverhalten des Hundes, damit er sich möglichst konfliktfrei durch ein Leben an der Seite von Artgenossen wuseln kann. Es verdeutlicht ihm, dass er nicht der einzige Hund auf der Welt ist (was erschreckend viele Hunde annehmen), und er lernt im besten Fall ein paar wichtige Regeln, die das Zusammenleben zwischen Herrchen und Hund enorm vereinfachen.

Der wichtigste Punkt aber, der für den Besuch einer Hundeschule schon ab dem Welpenalter spricht: Der Hundebesitzer hat mal Pause. Denn zumindest in der Welpenschule hat das Herrchen erst mal recht wenig zu tun. Er lässt den Welpen auf dem eingezäunten Gelände der Hundeschule frei, dieser wirft sich sofort in das Knäuel der bereits anwesenden Welpen, verschmilzt mit ihnen zu einem weichen, wabbelnden, homogenen Ball, aus dem zwischendurch dramatische Schreie oder einzelne Extremitäten herausdringen. Das Herrchen stellt sich erledigt und erleichtert in die Reihe der anderen Herrchen am Rand und schafft es heute zum ersten Mal, ungestört einen Apfel zu essen oder eine Zigarette zu rauchen. Endlich mal eine Stunde Ruhe!

Die einzige Kniffligkeit besteht darin, den eigenen Welpen am Ende der Stunde wieder aus dieser Masse herauszuziehen und die an ihm hängenden anderen Tiere von ihm zu lösen. Danach trägt man seinen völlig erschossenen, von Kopf bis Schwanzspitze vollständig mit fremdem Speichel benetzten

Hund ins Auto, wo er im Halbschlaf von irren Träumen heimgesucht wird, und fährt ihn nach Hause, wo man für den Rest des Tages seine Ruhe hat. Taumelnd schafft der Welpe heute höchstens noch den Weg zum Wassernapf und zurück, ein Snack muss ihm mundgerecht im Körbchen angereicht werden.

Ein weiterer wichtiger Effekt beim Besuch der Welpenschule: Sie ist der Initiationsritus des Neu-Hundebesitzers ins Paralleluniversum der Herrchen und Frauchen. Hier lernt der Neuling, sich auf dem Herrchenparkett unfallfrei und leichtfüßig zu bewegen, und bekommt einen Schnellkurs darin, wie Hundebesitzer ticken und wie man von nun an auch ticken sollte, wenn man dazugehören will:

Wie begrüßt man einen anderen Hund standesgemäß? Sofortiges Fallenlassen auf die Knie, Ausbreiten der Arme, pantomimisches Nachstellen der Wiedersehensszene aus dem dritten Teil von Sissi (»Schicksalsjahre einer Kaiserin«), als sie nach langer Krankheit und Abwesenheit ihre Tochter wiedersieht.

Wie äußert man sich über die wahnsinnig unansehnliche Pekinesen-Bulldoggen-Spitz-Mischung? Benutzen Sie das Wort »interessant« oder »Charakterhund«.

Wie geht man mit Kritik um, wenn umstehende Frauchen einem nahelegen, den Welpen zu bestrafen oder zu ignorieren, wenn er an einem hochspringt, anstatt ihm beim Hochspringen noch mit einer Räuberleiter zu assistieren und sich jauchzend durchs Gesicht schlecken zu lassen? Niemals einen Fehler zugeben; absolutes Beharren auf der eigenen Erziehungsmethode, notfalls zu unterstreichen mit einem überzeugten »Hat Martin Rütter auch gesagt ...«, völlig unabhängig davon, ob das wirklich so ist.

Leider hört der Spaß in der Hundeschule spätestens dann auf, wenn der Hund kein Welpe mehr ist (und das geht im Nachhinein betrachtet erschreckend schnell). Der eigene Leidensdruck steigt schlagartig an, wenn plötzlich kein Passant mehr mit irrem, begeistertem Quieken reagiert, wenn der Hund ihn mit einem gekonnten Sprung Richtung Gesicht begrüßt. Jetzt besteht plötzlich dringender Handlungsbedarf. Bei allen Teilnehmern des Kurses. Der Hund muss sich bessern.

Auch Emma musste sich bessern. Nach erfolgreich abgeschlossener Welpenschule wollte ich das mit der Hundeschule eigentlich bleibenlassen. *Ich schaffe das alles allein*, dachte ich, ich hatte mich schließlich solide eingelesen. Doch als halbstarke Hündin zeigte Emma plötzlich einige lästige Angewohnheiten: Sie fing an, fremde Menschen machohaft anzubellen, wenn sie ihnen im Dunkeln begegnete. Sie legte sich zwar anstandslos hin, sobald ich es ihr mit einem strengen »Leg dich!« auftrug, blieb aber nur exakt so lange liegen, wie sie Lust dazu hatte, was in der Regel einigen Sekunden entsprach. Sie sprang außerdem Menschen zur Begrüßung hemmungslos an, besonders diejenigen, die sie ganz besonders gernhatte, leider aber auch oft solche, die sie mit Menschen, die sie besonders gernhatte, verwechselte.

Wir gingen also zurück zur Hundeschule und standen wieder samstagmorgens mit Leckerlis und Daunenmantel neben Herrchen und Frauchen und übten »Hier« und »Bleib«.

Neben hilfreichen Übungen hat die Hundeschule aber einen nicht zu unterschätzenden psychologischen Effekt: Noch größer als die Motivation, den eigenen Köter in den Griff zu kriegen, ist die Motivation der Teilnehmer, die Fehler der anderen Hunde aufzuspüren, um sich selber besser zu fühlen und den eigenen Handlungsbedarf kleinzureden. Was ist schon Emmas Hobby, sich im Wald gerne mal aus dem Staub zu machen, gegen den Spleen des Huskys, sofort jeden anderen Hund töten zu wollen, der sich in seine Nähe begibt? Oder gegen die hässliche Angewohnheit des Welsh-Terriers, allen Radfahrern in die Waden zu beißen? Ein guter Tipp: Sie haben Probleme mit Ihrem Hund? Stellen Sie sich doch mal eine Stunde lang an den Zaun einer laufenden Hunde-Schulstunde, und Sie gehen mit dem hervorragenden Gefühl wieder nach Hause, dass Ihr Hund doch nicht gänzlich missraten ist.

Nach fast einem Jahr in der Hundeschule hatte ich eine wichtige Erkenntnis: Emma ist beratungsresistent. Oder ich bin einfach zu blöd, um ihr überzeugend zu vermitteln, dass sie liegen bleiben soll, während ich mich langsam rückwärts von ihr entferne. Und dass es nicht als Liegenbleiben gilt, wenn sie mir langsam hinterherrobbt. Denn es fällt auf, wenn sie plötzlich fünf Meter weiter vorne liegt als alle anderen Hunde, die brav liegen geblieben sind. Doch meist robbte Emma nicht nur hinterher, sondern sprang einfach auf und rannte mir enthusiastisch entgegen. Bis ich mich irgendwann fragte: Ist Emma dümmer als andere Hunde? Oder lag es womöglich daran, dass ich immer heimlich ein bisschen grinsen musste, wenn Emma nicht liegen blieb, sondern mir freudestrahlend hinterherrannte?

Wenn sich das alles so anhört, als hätte die Hundeschule nichts gebracht, dann stimmt das nicht. Die Hundeschule brachte wahnsinnig viel. Sie brachte nie einen perfekt gehorchenden Hund. Aber sie brachte viel mehr.

Es gibt diesen einen Moment: Sie laufen mit Ihrem Hund Slalom um Stäbe, die im Boden stecken. Der Hund strahlt sie an, und das meine ich nicht im übertragenen Sinn – nein, er strahlt tatsächlich. Und er achtet nur darauf, was Sie als Nächstes für eine Ansage machen. Er will dahin mitkommen, wo sie hingehen. Er guckt auf jeden Ihrer Schritte. Er ist voll dabei. Es dauert vielleicht nur einen kurzen Moment, dann bellt von hinten der Dalmatiner, und der Hund ist wieder mit der Aufmerksamkeit ganz woanders. Doch sie merken: Wenn es drauf ankommt, dann ist mein Hund da.

Es entwickelte sich Vertrauen zwischen Emma und mir. Weil wir lernten, als Team zu agieren. Weil wir uns aufeinander einstellten. Weil Emma merkte, welche Dinge ich wirklich nicht zu akzeptieren bereit bin, wo ich Ernst mache und wo Verhandlungsspielraum für sie besteht. Sie lernte mich zu lesen und ich sie. Und das ist es doch eigentlich, worum es geht.

Heute, ein paar Jahre später, rennt Emma immer noch einen halben Kilometer vor mir her, wenn wir spazieren gehen. Das wird sich auch nicht mehr ändern, sie ist inzwischen immerhin fast zehn. Aber ich habe das Vertrauen gewonnen, dass sie sicher wieder zurückkommen wird. Denn ich kenne meinen Hund.

Wenn der perfekte Hund nicht mitspielt

Haben Sie sich schon mal die Gespräche von Eltern über ihre Kinder angehört? Trotz großer Liebe geht es häufig auch darum, ein bisschen mit ihnen anzugeben. Also erwähnt man gerne auch öfter, dass der kleine Maximilian schon wieder das beste Diktat geschrieben hat oder dass man das ganze Gerede über die schreckliche Pubertät gar nicht verstehen kann, da die eigene Tochter Paula sich echt lieb und umgänglich verhalte. Ein bisschen geht es dabei auch immer um die Erziehungsleistung, die man nach eigener Ansicht vollbracht hat.

Es ist allerdings fast ein ungeschriebenes Gesetz beziehungsweise ein Fall von ausgleichender Gerechtigkeit, dass der kleine Maximilian bald schon eine Ehrenrunde in der Schule drehen und Paula im Hobbykeller der Eltern eine wilde Party schmeißen wird, bei der sich dann niemand so danebenbenimmt wie ausgerechnet die betrunkene Paula.

So ähnlich kann es einem ergehen, wenn man den eigenen Hund zu sehr und zu oft vor anderen Leuten preist. Denn vergessen Sie nicht: Immer und überall lauert der Vorführeffekt.

Es ist so verführerisch, mit seinem Hund zu prahlen und die (natürlich total verdienten!) Lorbeeren dafür einzuheimsen, dass man all die vergangenen Samstage bei Eiseskälte und in aller Herrgottsfrühe auf dem eingezäunten Platz der Hundeschule gestanden und dort bis zum geistigen Erbrechen geübt hat, den Hund nicht nur erfolgreich herbeizurufen, sondern ihn mit diesem Ruf auch noch zum sofortigen Herbeieilen zu bringen. Ein langer Weg voller Rückschläge, voller Tränen, voller Zerwürfnisse und voller aufkeimender Hoffnung soll nun sein gelungenes Ende finden, indem das Geübte fehlerlos in der Praxis angewendet wird.

Man erzählt also auf der Hundewiese von diesem langen Weg, den man hinter sich hat, und prahlt ein wenig mit der eigenen Konsequenz und Aufopferungsfähigkeit (»Ohne Konsequenz können Sie einpacken!«). Als der Hund sich dann ein paar Meter entfernt, erliegt man der Versuchung, seine Erfolgsstrategie zu präsentieren, und ruft den Hund – genau auf die Art, wie man es gelernt hat.

Was passiert? Richtig: Der Hund guckt kurz doof, dreht sich dann unbeeindruckt um und verschwindet irgendwo im Wald. Man versucht es noch einmal. Die eigene Stimme wird unsouverän und schrill. Und irgendein anderer Hundebesitzer sagt so etwas wie »Hey, ist doch nicht schlimm. Mein Dexter hört auch auf überhaupt nichts« oder »Ihr Hund ist ja weiß. Schon mal auf Taubheit testen lassen? Das haben die weißen ja oft ...« So etwas macht die persönliche Demütigung perfekt.

Ich gebe ziemlich viel mit Emma an, zugegebenermaßen. Aber Emma bietet dafür natürlich auch eine ideale Fläche, denn sie ist einfach toll und weit davon entfernt, ein »Problemhund« zu sein. Deswegen hielt ich mich vor einiger Zeit auch nicht zurück, als ich neben ein paar anderen Hundebesitzern auf der Wiese stand. Emma sei ein absoluter Quell der Zuverlässigkeit, prahlte ich. Klar habe sie manchmal mehr Bock auf den Kaninchenbau als auf mich, aber sobald meine Stimme streng klinge, spure das Tier. Emma kenne mich nun mal sehr genau, ergänzte ich stolz.

Leider bemerkte ich während meiner detailreichen Ausführungen nicht, dass hinter mir eine Gruppe Jugendlicher damit begann, Decken auszubreiten und den Grill für ein schönes Sommerpicknick anzuschmeißen. Hätte ich das gesehen, hätte ich sofort den Mund gehalten. Denn *ich* zumindest kenne Emma sehr genau.

Es kam, wie es kommen musste: Emma roch den Duft von Würstchen und Schweinenackensteak vor mir. Und als ich mitten im schönsten Monolog darüber war, dass Emma seit unserer erfolgreichen Zeit in der Hundeschule so lange im Platz auf der Wiese liege, bis ich das auflösende Signal gebe, suchte Emma im gestreckten Galopp das Weite. Nein falsch, nicht das Weite – sie suchte ihr Mittagessen auf dem Grill. Alles Rufen war umsonst. Ich musste Emma persönlich aus der Gruppe Jugendlicher abholen – und 20 Euro für neue Würstchen dalassen.

Andersherum funktioniert es allerdings auch. Einmal wurde ich angefragt, beim *VIP-Hundeprofi*, der Sendung von Martin Rütter, teilzunehmen. Im Vorgespräch fragte man mich, ob es Probleme mit Emma gebe, die ich gerne so nicht hätte und an denen der Hundeprofi mit mir arbeiten könne. Ich antwortete brav, dass Emma Menschen, vor allem die, die sie besonders gern möge, mit großer Freude anspringe. Denn das ist tatsächlich ungut; schon oft hatte ich Ärger deswegen bekommen und Rechnungen über die Reinigung von Kaschmirpullovern mit riesigen schlammigen Pfotenabdrücken beglichen. Darauf konnte ich wirklich gut verzichten.

Als das Kamerateam kam, hatte ich Emmas absolute Lieblingsmenschen in meine Wohnung bestellt, um Emmas massives Fehlverhalten besonders effektvoll unter Beweis zu stellen. Nacheinander klingelten die Leute, jedes Mal begleitet vom Kamerateam. Emma bellte kurz, wie sie es immer tut, wenn es klingelt. Ich öffnete die Tür, wie ich es immer tue, wenn es klingelt. Und Emma? Machte gar nichts, jedenfalls nichts Schlimmes. Sie wedelte höflich mit dem Schwanz und freute sich dezent. Kein Hochspringen, nicht mal ein leichtes Rempeln – nichts. Martin Rütter schaute mich fragend an, und ich konnte nur die Schultern zucken. Sobald das Fernsehteam weg war, benahm sich Emma natürlich wie immer und sprang als Erstes im Treppenhaus dem Nachbarn in die Magengrube. Um genau zu sein, war es gar nicht die Magengrube, sondern noch ein bisschen weiter unten …

Normalerweise hört Emma. Auch wenn man sie drei- oder

viermal rufen muss. Wenn Emmas Gehör allerdings mal komplett versagt und kein Grill in der Nähe ist, hat dies meist mit Kaninchen zu tun. Sobald ein Hase in der Nähe ist, hat sie plötzlich Scheuklappen auf und kommt sich anscheinend vor wie ein wildes Raubtier auf der Jagd nach der ersten Nahrung nach einer Woche. Sie wird zu einem echten Tiger, inklusive professionellem Anschleichen, hektischen Verfolgungen und lautstarkem Angriff. Dass Emmas Gehabe pure Angeberei ist, extrem wenig dahintersteckt und niemand ernsthaft in Gefahr ist – schon gar nicht der flinke Hase –, habe ich immer geahnt, allein schon deswegen, weil sie meist auch während der Jagd ihren Stoffball im Maul trägt, was sie nicht unbedingt bedrohlicher wirken lässt.

Dass Emma aber eigentlich völlig ungefährlich ist, wurde mir klar, als es ihr tatsächlich einmal gelungen war, im Park einen Hasen zu stellen. Er muss taub oder sonst irgendwie in seinen Reflexen beeinträchtigt gewesen sein. Jedenfalls erreichte Emma das Kaninchen, und es stand ohne Fluchtmöglichkeit mit dem Hintern an einem Maschendrahtzaun. Dann guckten sich die beiden an. Opfer und Täter, Auge in Auge. Man sah Angst und Hilflosigkeit.

Angst natürlich beim armen Kaninchen, das dachte, nun habe sein letztes Stündlein geschlagen. Und Hilflosigkeit bei Emma, die überhaupt keine Ahnung hatte, was sie jetzt mit diesem komischen Tier anfangen sollte – ungeachtet der Tatsache, dass sie bis jetzt so getan hatte, als würde sie das arme Tier in tausend Stücke reißen, wenn sie es erst mal gepackt hätte. Emma kaute verlegen auf ihrem Stoffball und wedelte vorsichtig mit dem Schwanz. Dann schaute sie zu mir. Ihr Gesicht sagte: »Oje, was mach ich denn jetzt? Hilf mir!« Ich sah geradezu die Erleichterung in ihrem Blick, als ich sie streng zurückrief und sie den Hasen wieder allein lassen konnte. So brav und eilig war Emma noch nie zu mir zurückgesaust, wenn es um Kaninchen ging.

Der Hase muss Emma für verrückt gehalten haben. Seitdem weiß ich: Wenn ein Hase wegen Emma in Gefahr ist, dann nur, weil er vor Schreck einen Herzinfarkt bekommt.

Hundeschnarchen ist ein Wachhalter, der niemals unterschätzt werden darf.

Alltag mit Hund

Die Schlafstätte:
paradiesische Zustände – für den Hund

Menschen verfügen in ihrer Wohnung in aller Regel über genau ein Bett. Eines! Wenn sie abends schlafen gehen wollen, müssen sie sich also in das Zimmer begeben, in dem dieses eine Bett steht. Das Bett wird nicht umgeräumt, wenn man noch Lust hat, ein bisschen in der Küche zu bleiben oder im Wohnzimmer fernzusehen. Keiner sieht die Unverrückbarkeit des Bettes als Quälerei oder auch nur als Einschnitt in die persönliche Freiheit an.

Bei Hunden ist die Situation meist ein wenig, nun ja, anders. Hunde haben diverse Schlafstätten innerhalb der Wohnung. Meist ein Körbchen im Schlafzimmer, um in der Nacht nicht von ihrem Rudel getrennt zu sein. Dann auf jeden Fall ein Körbchen im Wohnzimmer, um dort zu schlafen, während der Mensch sich dort aufhält. Und mindestens noch ein mobiles Körbchen, das je nach Bedarf in der Wohnung aufgestellt wird. Dazu kommen die »Körbchen«, die eigentlich gar keine sind, vom Hund aber sukzessive als eigene Schlafstätten annektiert wurden, bis auch das Herrchen sie irgendwann als solche akzeptierte. Gemeint sind der Sessel und die Sofadecke; die Badewannenmatte, auf der der Hund wartet, bis man zu Ende geduscht hat; Wäschekörbe mit Dreckwäsche; der Teppich vor der Couch – der Hund liegt nämlich gerne direkt vor der Couch, damit keiner, der dort sitzt, mehr seine Beine ausstrecken kann; und die Couch selber natürlich. Bei Emma kam noch das Bett im Gästezimmer dazu – das gehörte ebenfalls ihr, und es wurde von ihr als mittelschwere Frechheit angesehen, wenn doch mal ein Schlafgast es okkupierte. Als ich das Bett irgendwann aus der Wohnung geschmissen habe, wurde ich von Emma mehrere Tage lang ignoriert.

Außerdem zählt der Hund nicht selten natürlich auch noch das Bett zu seinen Schlafplätzen, das eigentlich dem Menschen gehört. Nicht wenige Herrchen und Frauchen wachen morgens regelmäßig total gerädert auf, weil sie in orthopädisch unvorteilhaften Positionen schlafen müssen, da der ausgewachsene Leonberger am allerliebsten quer über dem Bett liegt, dabei ungern gestört wird und mit seinem massiven Schnarchproblem Räuber Hotzenplotz problemlos in den Schatten stellen würde.

Aber was ist das überhaupt für eine Verharmlosung, vom schnöden »Körbchen« zu reden, wenn man die Schlafstätte des geliebten Hundes meint? Emmas »Haupt«-Körbchen heißt »Dreambay«, und so wie es klingt, ist es auch: groß, bequem, gut gepolstert. Von Insidern wird so ein Korb nur »die Burg« genannt. Diese nimmt gefühlte fünf Quadratmeter des Wohnzimmers ein und ist so weich, dass ich mir manchmal ernsthaft überlege, ob wir nicht einfach die Betten tauschen sollten. Ich glaube, es ist nur eine Frage der Zeit, bis das erste Boxspring-Bett für Hunde zu kaufen gibt. Und ich fürchte, ich wäre einer der ersten Abnehmer.

Da ein Hund bekanntermaßen selten darüber spricht, was für einen Korb er gerne hätte, macht sein Besitzer zu Beginn der Herrchen-Hund-WG einfach das, was man in solchen Situationen immer tut: Er überkompensiert. Er schafft alles an Kissen, Decken, Körbchen und Komfort in die Wohnung, was er finanziell und körperlich tragen kann, in der Hoffnung, irgendeine der Anschaffungen werde dem Hund schon gefallen.

Nicht jeder Hund nimmt aber die Korbangebote an, die ihm großzügig zur Verfügung gestellt werden. Denn Hunde können ziemlich eigensinnige Schlafgepflogenheiten haben, die man als Mensch manchmal nicht unbedingt nachvollziehen kann. Oft kommt es dem Herrchen dann fast undankbar vor, dass es für ein Wahnsinnsgeld dieses superweiche Körbchen in Autoform gekauft hat – Luna fährt doch so gern Auto – und Luna nach wie vor jeden Abend auf der Kokosfaser-Fußmatte schläft.

Laut unrepräsentativen Umfragen im Freundeskreis existieren bei Hunden folgende Schlaftypen.

Der Hochstapler

Er braucht kein extravagantes Körbchen. Es reicht ein 08/15-Modell oder auch nur eine olle Decke. Die Bescheidenheit des Hundes gilt allerdings nur für die Unterlage seiner idealen Schlafstätte, nicht für die Accessoires. Hier nämlich ist der Hochstapler extrem anspruchsvoll. Er braucht in seinem Körbchen Decken, Kissen, Stofftiere – und davon viele. Denn hier kommt sein akribisches Naturell zum Vorschein. Der Hochstapler will sich ein Nest bauen: möglichst hoch, möglichst ausgefeilt und in einer Anordnung, die nur er selber versteht.

Der Hochstapler betritt sein Körbchen und beginnt mittels Trampeln und Treten angestrengt, die Decken und Kissen so aufeinander zu arrangieren, bis sie die Form angenommen haben, die ihm angenehm erscheint. Mehrfach legt er sich hin, harrt eine Sekunde aus, um doch wieder aufzustehen und das Ganze noch einmal anders zu arrangieren. Erst am Ende seines Marsches auf der Stelle legt sich der Hund zufrieden ganz oben auf seinen Decken- und Kissenturm und kommt nach dieser Schwerstarbeit nun endlich zur wohlverdienten Ruhe.

Ideale Nebenverwertung: Traubentreter bei der Weinernte.

Der Undankbare

Man hat dem Hund das beste und komfortabelste Hundebett der ganzen Welt gekauft, das so teuer war, dass man dafür Ratenzahlung ausmachen musste. Und genau dieses Bett steht nun seit Monaten so gut wie unangetastet und jungfräulich in der Ecke. Denn der Hund hat völlig unnachvollziehbare andere Schlafpräferenzen und bevorzugt genau die Orte, die einem für alles Mögliche sinnvoll erscheinen, aber keinesfalls zum Schlafen. Man findet den undankbaren Hund an den unwirtlichsten Plätzen, die man sich in Gebäuden vorstellen kann: auf dem Parkett im Büroflur, wo alle zwei Minuten jemand über ihn steigt; auf der Fußmatte in der Eingangstür, die nicht nur hart ist, sondern wo ihm auch noch der kalte Wind von draußen in den Nacken weht; oder auf den kalten Fliesen im Badezimmer.

Obwohl er sich diese Flecken eigenständig aussucht, schreckt der undankbare Hund nicht davor zurück, dem Herrchen dann und wann einen vorwurfsvollen Blick zuzuwerfen, so als sei es schuld an dieser Misere, gerne noch verstärkt durch effektvolles Zittern oder Wimmern.

Ideale Nebenverwertung: Fußmatte.

Man kann ihm ein eigenes Körbchen kaufen, man muss es aber nicht unbedingt. Denn dieser Hund gibt sich mit einfach allem zufrieden und schafft es, in jeder noch so widrigen Situation irgendwie Komfort zu finden. Und er wirkt nicht mal unglücklich dabei. Und wenn er sich im Restaurant auf einem heruntergefallenen Stuhlkissen niedergelassen hat, während um ihn herum eine ganze griechische Hochzeitsgesellschaft Sirtaki tanzt: Der Hund pennt.

Hunde wie diese stellen ihre Herrchen und Frauchen mit ihrem außergewöhnlichen Schlafverhalten regelmäßig vor Rätsel: Wie kann es bitte möglich sein, dass der Hund im Sitzen einschläft, nur weil er gerade zu faul ist, die drei Meter bis zu seinem Körbchen zu gehen und sich dort hineinzulegen? Wie kann er sogar im Wartezimmer des Tierarztes einschlafen? Und warum muss man ihn nach jeder noch so kurzen Autofahrt im Kofferraum aus dem Tiefschlaf wecken? Das Herrchen lässt nach einiger Zeit besorgt die Schilddrüsenwerte des Hundes testen, erfährt aber dabei nur, dass medizinisch alles in Ordnung ist.

Es gibt positive wie negative Begleiterscheinungen dieses Phänomens. Das Gute: Man fühlt sich durch den Hund weniger belästigt, da dieser sogar beim Futterbetteln einschläft, während er vor der Couch steht und sein Kopf ganz langsam auf die Sofakante sinkt. Nicht so gut: Man wird plötzlich ebenfalls so müde, je länger man etwa den an der Kasse beim Bäcker mit seinen schweren Augenlidern kämpfenden Hund betrachtet.

Ideale Zweitverwertung: Schlaftablette.

Einer der primären Gründe, warum man seinen Hund nicht im Bett haben will, ist die Tatsache, dass man in der Nacht gerne entspannen möchte, anstatt Kämpfe um Zentimeter auszufechten. Es gibt jedoch die wirklich hartnäckigen Fälle, bei denen man nach Jahren des Kampfes einsehen muss, dass es tausendmal anstrengender ist, das eigene Bett gegen den nächtlichen Übergriff zu verteidigen, als sich mit der Doppelbelegung zu arrangieren.

Der Bettschläfer nämlich legt eine erstaunliche Beharrlichkeit an den Tag – oder besser: an die Nacht. Selbst wenn sein Körbchen die Form und Höhe eines Menschenbetts hat – er findet dort einfach nicht zur Ruhe. Deswegen belästigt er sein Herrchen jede Nacht mit dem Wunsch, im Bett zu schlafen. Oft wartet er geduldig in seinem Körbchen, bis der Mensch eingeschlafen ist, dann schleicht er sich unbemerkt zu ihm ins Bett. Er beweist ein Maximum an Perfidie, indem er nicht etwa ins Bett *springt*, sondern hinauf*steigt*, um die kleine Eruption zu vermeiden, die das Herrchen wecken könnte. Alternativ dazu wartet der Hund, bis das Herrchen weggedämmert ist, stellt sich dann neben das Bett und beginnt mit einem leisen, aber permanenten und durchdringenden Winseln. So lange, bis er merkt, dass das Herrchen wach ist, diese Tatsache aber nicht zugeben möchte. Nun ist es nur noch eine Frage des längeren Atems. Und den hat meist der Hund. Irgendwann wird das übermüdete Herrchen ihm mit einem entkräfteten »Na hopp« den Einzug ins nächtliche Paradies erlauben, nur um weiterschlafen zu dürfen.

Über die Jahre hinweg hat sich auch das Herrchen an das geteilte Bett gewöhnt, ja, es vielleicht sogar wirklich liebgewonnen. Und beim Kauf des neuen Bettes hat man mit der Auswahl der Maximalbreite auch den Rottweiler berücksichtigt. Mittlerweile hat man auch einen Weg gefunden, sich im Bett nicht mehr in die Quere zu kommen, und neben »Sitz« und »Platz« kennt der Bettschläfer einen weiteren Befehl: »Rück mal ein Stück!«

Ideale Zweitverwertung: Wärmflasche.

Der Actionheld

Sein Körbchen sollte gut gepolstert sein, auf keinen Fall erhöht stehen, es sollte hohe Ränder haben und keine harten Teile, an denen man sich verletzen könnte. Ideal wäre so etwas wie eine Körbchen gewordene Gummizelle. Warum? Ganz einfach: Weil dieser Hund nicht schläft, sondern kämpft.

Es beginnt meist mit einigen kleineren Zuckungen. Jetzt sollte man sich als Herrchen spätestens in Sicherheit bringen, denn ab nun gibt es kein Halten mehr: Der Hund knurrt erst – dann bellt er im Schlaf. Er hechelt wie verrückt. Wild zucken die Augenlider. Und er rennt – jedenfalls im Traum. Man sieht es seinen Beinen an, die über den Boden scharren, während er in der Horizontalen liegt.

Hatte man die ersten Male noch die Nummer des Tierarztes gewählt und an einen epileptischen Anfall gedacht, hat sich das Herrchen nun daran gewöhnt, dass das Tier so schläft. Und das scheinbar auch noch recht fest.

Die Frage des Herrchens bleibt: Wann, zum Teufel, hat der Hund das, was er gerade wie Spiderman auf Ecstasy verarbeitet, bloß erlebt? Jedenfalls nicht heute, als er den ganzen Tag träge im Büro gelegen hat. Und das Spiel mit dem Pudel auf der Wiese sah auch nicht so interessant aus, als dass man es nun mit wilden Ganzkörperzuckungen auf dem Rücken liegend Revue passieren lassen müsste. Ob der Hund ein geheimes Zweitleben hat? Oder einfach nur eine blühende Phantasie? Man weiß es nicht. Aber man könnte ihm stundenlang zusehen. Mit Erstaunen, mit Neugier – und auch mit ein bisschen Neid.

Ideale Zweitverwertung: Besser als jeder Fernseher.

Der Nichtschläfer

Er ist einfach immer wach. Sie können mit ihm einen Marathon laufen, sie können anschließend ein Longiertraining absolvieren, einen kleinen Reitausflug machen und dann noch ein paar intensive Suchspiele anleiern – der Hund liegt anschließend zwar erschossen in seinem Körbchen, verfolgt aber jede Ihrer Bewegungen mit seinen Augen. Man kann nichts vor ihm verbergen. Er sieht alles.

Zwischendurch hat der Hund die Augen mal fest geschlossen, und das Herrchen wähnt sich unbeobachtet. Doch wie kann es sein, dass er sofort wieder in der Tür steht, wenn man den Kühlschrank öffnet, so als sei er spontan vom Himmel gefallen?

Dieser Hund schläft nicht, er wartet nur. Sollte er zwischendurch doch mal wirklich tief schlafen (vielleicht nach einem Ironman-Wettbewerb), wird das Herrchen nervös. Man wartet einige Minuten, dann geht man besorgt hin und überprüft seine Herztöne. Eine doofe Idee: Denn nun ist der Hund sofort wieder wach.

Ideale Zweitverwertung: Alarmanlage.

Wie im Kindergarten: die Spielzeugkiste

Wenn ein gewöhnliches Herrchen oder Frauchen im Stadtpark einläuft, um seinem Hund einen durchschnittlich ausgelasteten Nachmittag zu bescheren, könnte man zuweilen denken, es würde ein Kindergeburtstag mit mindestens zehn geladenen Gästen ausgerichtet. Es gibt diverse quietschende, bunte Bälle, es gibt Frisbees, es gibt Fresstüten, Wurfarme und Reizangeln in Hühnerform. Selbst wenn jemand eine Schnur zum Würstchenschnappen zwischen zwei Bäumen aufhängen würde: Die Irritation bei den anderen Hundehaltern hielte sich in Grenzen.

Hunde haben viel zu viel Spielzeug, liest man in jedem Ratgeber. Und das, obwohl der Hund wahrscheinlich keinen Unterschied darin erkennt, ob man einen profanen, mit Leckerlis gefüllten alten Socken wirft oder einen ausgefeilten Activity-Tower verwendet, wo der Hund durch Schieben von Trennwänden an seinen Keks gelangt.

Der Vergleich mit Kindern ist hier zur Abwechslung mal nicht ganz verkehrt. Denn auch Kinder interessieren sich manchmal überhaupt nicht für das, was man ihnen mühevoll auftischt, sondern setzen eigene Prioritäten. Ich war mal mit einem kleinen Kind im Zoo. Ich zahlte einen hohen Eintrittspreis, fütterte das Kind mit Eis und Bockwürsten ab und plante akribisch eine ausgefeilte Route, um auch ja alle Löwen, Elefanten, Pinguine und Affen zu sehen. Als ich hinterher das Kind fragte, was ihm am Zoobesuch am besten gefallen habe, fielen ihm zwei Punkte ein. Erstens die fiese Stadttaube, die neben dem Trinkbrunnen kleine Zweige für ihr Nest gesammelt hat. Zweitens der Laster, mit dem der Elefantendung abtransportiert wurde.

Ebenso ist es dem Hund vermutlich ziemlich egal, ob er einem Stock hinterherrennt oder einem pinkfarbenen Kong mit einem aufgemalten Katzengesicht – seine Vorlieben entwickelt er ganz von selbst. Meist stoßen einen die Hunde aber darauf, dass ihnen die einfachen Dinge viel besser gefallen als die teuren.

Als Emma bei mir einzog, hatte ich meine Wohnung bereits zu einem Hundeparadies umgebaut. Ich war ausgestattet wie eine Fressnapf-Filiale: In jedem Zimmer stand ein Hundebett, ich hatte ungefähr 1000 Spielsachen besorgt, auf Emmas Näpfen prangte das Konterfei von Snoopy. Doch so doll ich auch mit dem lustigen kleinen Kuschel-Eisbären vor Emmas Schnauze wedelte, es änderte nichts daran, dass Emma lieber die Couch ankaute oder sich mit dem heruntergefallenen Korken einer Weinflasche entfesselt auf dem Boden rollte, als handelte es sich um das geilste Spielzeug, das jemals erfunden wurde. Mein Gedanke, dass ein Tier eine »Auswahl« braucht, stimmt vielleicht – aber vermutlich gilt das nicht für die Anzahl an Spielzeugen. Das zeigte mir Emma dann auch ziemlich deutlich, denn das Spielzeug war Luft für sie. Alles, außer ihrem Stoffball.

Für mich übrigens war das Spielzeug keineswegs Luft. Denn ich stolperte ständig über irgendeinen Stoffhasen, über irgendeinen bimmelnden Ball oder trat auf Wiener Würstchen aus Gummi, die beim Herauftreten ein Geräusch machten, als würde man ein Schwein umbringen, und bekam jedes Mal vor Schreck fast einen Herzinfarkt.

Irgendwann kam das ganze Zeug in den Keller. Dort liegt es immer noch, und ich könnte damit ein ganzes Tierheim ausstatten.

Man macht eine Menge mit mit so einem Hund, so viel ist klar. Diese Tatsache allerdings führt dazu, dass eine ziemlich wichtige Sache oft in Vergessenheit gerät: Der Hund macht auch mit Ihnen ganz schön was mit. Und er kann nicht mal dagegen protestieren, dass er sich am Samstagnachmittag durch die Fußgängerzone der Großstadt drängeln muss, wo er stundenlang nur die Knie von Leuten sieht. Er kann sich auch nicht dagegen wehren, dass sein Korb schon wieder gewaschen wurde, obwohl er ihn lieber schmutzig mag. Und übrigens: Er hasst sein Futter! Er kann es bloß nicht erklären! Kann es sein, dass bei den vielen »Hund vermisst« Plakaten auch ein paar dabei sind, bei denen die Hunde mit Absicht ausgerückt sind, um ein Leben in Eigenständigkeit zu führen?

Einen Hund zu haben bedeutet auch Teamarbeit. Wenn Sie als Hundebesitzer sagen, der Hund sei Ihr Hobby, dann reicht das nicht. Wer sagt, dass der Hund sein Hobby sei, der muss auch sagen, dass Zerrspiele mit schlammigen Seilen sein Hobby sind, ebenso das Suchen von Wurststücken in der Wohnung und das Verstecken von weichgespeichelten Gummibällen. Und was ist schon die Lektüre eines guten Buches an einem verregneten Novembertag, wenn man in der Zeit auch mit Gummistiefeln im schneidenden Ostwind auf freiem Feld stehen kann, um den neuen Wurfarm auszuprobieren?

Ich hoffe, dass Emma nicht lesen kann, denn sonst käme für sie an dieser Stelle eine wirklich schreckliche Wahrheit ans Licht: Nein, es macht mir keinen Spaß, diesen schlammigen Ball hundertmal hintereinander in den Kanal zu werfen und ihn mir anschließend von ihr wieder vor die Füße legen zu lassen! Ich tue das nur, weil es *ihr* Spaß macht. Ja, auch Euphorie und Bewunderung in meiner Stimme sind gefaked. So, jetzt ist es raus.

Ich mache all das für Emma. Weil sie auch nach drei Stunden in einer selbst für Menschen langweiligen Konferenz immer noch mit dem Schwanz wedelt, wenn man sie anspricht. Ich mache es, weil ich finde, dass man ein Team bildet mit seinem Hund und man sich auf die Interessen des anderen einstellen muss.

Hunde machen Ihre Hobbys mit. Oder glauben Sie, ein Hund sitzt gern auf dem Boden im Café und guckt Ihnen zu, wie Sie riesige Tortenstücke verschlingen, während er selber nichts davon abbekommt? Wenn Sie also Ihren Hund zur Teilnahme an Ihren Hobbys zwingen, dann ist es nur fair, wenn Sie auch *seine* Hobbys teilen, selbst wenn sie Ihnen völlig sinnfrei erscheinen. Natürlich erschließt sich Ihnen der Sinn des Spielens mit dem Gummihuhn nicht augenblicklich, aber augenscheinlich hat der Terrier daran erheblichen Spaß. Da müssen Sie jetzt durch.

Das Verhältnis zwischen Herrchen und Hund ist ein Geben und Nehmen. Der Hund muss sich naturgemäß sehr auf sein Herrchen einstellen: Er muss in seiner Wohnung leben, auch wenn er lieber eine schöne Hundehütte in der Toskana hätte, wo er sich von Zeit zu Zeit ein Kaninchen fangen und den Rest der Zeit in der Sonne liegen könnte. Er muss mit gutgemeinten Fahrradtouren vorliebnehmen, obwohl er seiner Rasse und Natur entsprechend eigentlich einen Schlitten 40 Kilometer durch Eis und Schnee ziehen müsste. Er muss langweilige Tierattrappen an einer Reizangel jagen, obwohl er für die Jagd auf lebendige Ratten gemacht ist. Und in einer

Zwei-Zimmer-Wohnung muss er leben, obwohl er eigentlich dafür da ist, große Gelände zu bewachen.

Es ist also nur fair, wenn Sie sich dem Hund zuliebe auch ein bisschen lächerlich machen. Und wenn Agility – eine Sportart, bei der der Hund durch Kriechtunnel rennt und über Hindernisse springt – dem Labrador so viel Freude macht, dann müssen Sie wenigstens so tun, als sei das auch für Sie ein großer Spaß. Und ist es eigentlich wirklich so viel peinlicher, sich mit seinem Hund beim Dogdancing eine gemeinsame Choreographie zum Soundtrack von *König der Löwen* auszudenken, als bei der Betriebsweihnachtsfeier mit dem Kollegen wieder mal diese *Dirty Dancing*-Nummer zu bringen?

Mit dem Hundesport ist es wie mit dem Karaoke-Singen: Am Anfang schämt man sich zu Tode, dass man auf einem Hundeplatz steht und einen Slalomlauf durch einen Hindernisparcours absolviert. Doch nach der dritten Runde macht es plötzlich Spaß, und man schaut sich auf YouTube auf einmal die Weltmeisterschaft im Dogdancing an. Okay, das dann doch lieber heimlich …

Hunde und ihre Tierkollegen

Der ehemalige Bundespräsident Johannes Rau lieferte mal ein schönes Zitat über seinen Hund Scooter. Rau sagte nämlich, Scooter sei zwar als Hund eine Katastrophe, als Mensch allerdings unersetzbar.

Ein bisschen trifft das auch auf Emma zu. Das mit der Katastrophe jedenfalls. Denn manchmal benimmt sie sich einfach nicht so, wie ein Hund sich zu benehmen hat, um als typisches Beispiel seiner Gattung durchzugehen. Das ist besonders beim Umgang mit anderen Tieren der Fall.

Bestimmte Dinge, von denen gemeinhin behauptet wird, dass Hunde sie tun, tut Emma einfach nicht. Emma jagt zwar Hasen, dies aber nur halbherzig und mit einem Kuscheltierball im Maul, weswegen sie von den Kaninchen wahrscheinlich mehr Hohn und Spott als Furcht und Respekt erntet. Tiere wie Kühe oder Schafe, mit denen andere Hundebesitzer zuweilen Probleme haben, interessieren Emma überhaupt nicht. Ich habe Emma noch nie auf einer Kuhweide verloren. Ich musste sie nie vor einem wütenden Bauern retten, der Angst um seine Rinder hatte und ihr mit der Mistgabel zu Leibe rückte. Denn Tiere, die Emma nicht kennt, sind ihr meist hochgradig suspekt. Ich laufe also regelmäßig an den Weidezäunen vorbei, an denen viele andere Hundebesitzer genervt wie die Hühner auf der Stange aufgereiht stehen und ihre Hunde rufen, die sich mit den Kühen und in deren Hinterlassenschaften vergnügen. Emma indes schaut demonstrativ in eine andere Richtung und tut so, als habe sie keine Angst, sondern diese Kühe einfach gar nicht gesehen. Zugeben will sie ihren Respekt vor den Rindern nun auch wieder nicht.

Und am hundeuntypischsten: Emma ist nicht mal ein Katzenschreck! Im Gegenteil, sie ist der größte Katzenangsthase, den ich jemals gesehen habe. Ich erinnere mich gut daran, dass wir im Hinterhof mal eine Katze hatten, die offenbar in der Nachbarschaft wohnte und plötzlich den Tag über gern bei uns im Hof in der Sonne lag oder sich füttern ließ. Emma gefiel das gar nicht, denn es war ja eigentlich ihr Hinterhof. Hier sonnte sie sich schließlich seit Jahren, hier ließ sie sich füttern, hier hielt sie seit jeher Smalltalk mit den Nachbarn, und sie blieb auch gerne alleine im Hof liegen, wenn ich schon hoch in die Wohnung ging. Es war jedoch kein Egoismus, dass Emma die plötzliche Präsenz der Katze nicht gefiel. Es war Angst. Die Katze war ihr schlichtweg nicht geheuer.

Nicht, dass Emma diese Angst offen zugegeben hätte. Aber sie hatte es auf einmal immer sehr eilig, nach dem Spaziergang wieder in die Wohnung zu kommen. Sonst trödelte sie immer ewig im Treppenhaus oder kam gar nicht mit, weil sie lieber im Hof blieb und sich erst zu den Mahlzeiten mal irgendwann wieder nach oben bequemte. Jetzt, angesichts des fauchenden Eindringlings, war der Hinterhof kein Thema mehr. Emma trabte stattdessen geduckt und mit einem kurzen, schnellen Blick in den Hof eilig die Treppe in den dritten Stock hinauf.

Irgendwann verstand ich, warum Emma nicht mehr in den Hof wollte, und sie tat mir leid. Es muss ziemlich demütigend für einen Hund sein, unter einer ausgewachsenen Katzenphobie zu leiden. Emmas Glück war, dass die Katze irgendwann wohl einen schöneren Hof gefunden hatte und nicht mehr zu uns kam. Für Emma war die Welt damit wieder in Ordnung.

Auch Emmas Verhältnis zu anderen Hunden ist nicht ganz arttypisch. Vielleicht liegt es daran, dass sie als Welpe mal gebissen worden ist (wodurch ich heute weiß, dass Welpenschutz keineswegs eine universelle Hunderegel ist). Kein Hund muss sich vor ihr fürchten, weil Emma ja von Natur aus friedlich ist. Aber: Sie hat einfach kein großes Interesse an anderen Hunden. Sie hängt lieber mit Menschen rum. Und sie würde niemals ihren Ball für einen schnöden anderen Hund liegen lassen. Sollen die anderen Hunde doch miteinander spielen – Emma bleibt bei sich.

Auf den Punkt brachte es einmal eine Freundin, die einige Tage zu Besuch war. Emma und ich hatten uns akribisch (mit

Staubsaugen und Hundebad) auf diesen Besuch vorbereitet, weil die Freundin seit jeher eine passionierte Hundehasserin ist und große Angst vor Hunden hat. Mühevoll hatte ich sie über die Jahre immerhin dahin gebracht, sich vor Emma nicht mehr zu fürchten. Irgendwann begann sie sogar, Emma heimlich zu mögen. Und eines Tages zog sie auf einmal allein mit Emma zum Spaziergang los. Ich war verwundert und sicher, dass sie nach fünf Minuten wieder zurück wären. Aber es passierte nichts – Emma und die Freundin blieben fort. Eine halbe Stunde, dann eine Stunde. Schließlich stellte ich mich mit dem Fernrohr auf den Balkon. Irgendwann kehrte das ungleiche Duo zurück – gut gelaunt und in trauter Zweisamkeit. Auf meine Frage, wo denn dieses Teamgefühl auf einmal herrühre, sagte die Freundin: »Ich glaube, Emma ist ein Mensch. Sie hat genauso wenig Bock auf Hunde wie ich.«

Leider ist Emma tatsächlich kein besonders großer Hundefreund. Ihre Freunde sind Stoffbälle und Menschen, und besonders Menschen, die mit Stoffbällen Fußball spielen. Emma hat in ihrer Auslaufgruppe zwar einige »Kumpels«, aber die Hunde, die Emma besonders gern mag, sind automatisch meist einfach diejenigen, die sie am meisten in Ruhe lassen. Sie legt einfach keinen Wert auf andere Hunde. Emma knurrt keine Hunde an, sie bellt nicht mal, nein, sie macht oft etwas, was eigentlich viel schlimmer ist: Sie ignoriert die anderen Hunde. Das geht in Extremfällen sogar so weit, dass sie vor einiger Zeit mal einen Havaneser einfach umgerannt hat, der sich ihr mit einer eindeutigen Spielaufforderung in den Weg stellte, ganz so, als sei er Luft. Ihre Alternative zur Ignoranz: große Bögen um Hunde laufen – auch wenn diese Bögen einen Durchmesser von mehreren hundert Metern haben und durch das zeckenverseuchte, schlammige Unterholz eines Waldes führen. Und das selbst dann, wenn der zu umgehende Hund die Größe einer Ratte aufweist.

Manchmal schaue ich neidisch auf andere Hunde, die gemeinsam über die Wiese jagen, zusammen große Kreise ziehen und so etwas wie ein Sozialverhalten untereinander haben, während ich zum tausendsten Mal den Stoffball mit dem Fuß über die Wiese schieße und Emma dabei so tut, als hätte ich etwas unglaublich Spannendes getan. Es ist nicht so, dass ich keine Lust mehr aufs Fußballspielen hätte, sondern mich bedrückt vor allem, dass all diese Hunde, die sich dort in enger Umarmung gemeinsam auf der Wiese tummeln, so aussehen, als hätten sie einen Wahnsinnsspaß, der Emma entgeht. Denn es gibt immerhin eine ganze Reihe an interessanten Hundekollegen, die Emma sich dringend einmal anschauen sollte. Zum Beispiel diese Vertreter:

Der Charmeur

Er ist der Star einer jeden Hundewiese. Denn wenn er da ist, können die Hundebesitzer ihre Wurfarme einpacken und sich endlich mal gepflegt unterhalten. Der Charmeur regelt schon, dass alle Hunde sich miteinander beschäftigen. Denn wäre er ein Mensch, dann wäre er von Beruf Animateur in einem All-inclusive-Hotel: gut aussehend, strahlend, eine Motivationsmaschine, zur Polygamie neigend, keinen Widerspruch duldend.

Der Charmeur, gern ein schlanker junger Mischling, kommt natürlich mit jedem Hund klar. Nicht nur das: Er strahlt eine derartige Lebensfreude aus, dass er es sogar regelmäßig schafft, den griesgrämigen 16-jährigen Spitz zum Spielen zu animieren. Ständig sieht man ihn in inniger Umarmung mit wechselnden Artgenossen. Sobald andere Hunde da sind, ist er in seinem Element. Er hüpft, er lacht, er reißt die anderen mit.

Das freut alle Beteiligten. Nur das Herrchen des Charmeurs kommt sich manchmal ein wenig blöd vor. Denn auch wenn er bereits den ganzen Vormittag mit einem Spielzeugarsenal bewaffnet durch den Wald galoppiert ist und versucht hat, seinen Hund zu bespaßen: Der Charmeur ist erst so richtig begeistert, wenn ein anderer Hund ins Spiel kommt. Und sein Herrchen ist dann sofort Luft.

Der Pseudomensch

Er ist im falschen Körper geboren, so viel steht für ihn schon mal fest. Denn er kann auf keinen Fall zur Spezies dieser albernen, bellenden Felltiere gehören, die da hinten primitiv zusammen über die Wiese hetzen, sich gegenseitig mit Speichel beschmieren und finden, dass das Ganze auch noch Riesenspaß macht.

Der Pseudomensch hat mit Hunden nichts zu schaffen. Stattdessen liegt er auf der Hundewiese in der Mitte der Hundebesitzer und schaut verächtlich seinen Artgenossen zu. Blöd nur, dass niemand außer ihm versteht, dass er eigentlich kein Hund ist. Dieser Labrador nicht, der sich ständig in Spielpose vor ihn wirft, und dieser Mensch auch nicht, der ihn dazu zwingt, »Sitz« zu machen, bevor man ein Leckerli bekommt. Selbst sein Herrchen nicht, das ihn wieder und wieder zum Spielen mit diesen primitiven Rowdies überreden will, obwohl er doch schon oft genug gezeigt hat, was er von denen hält.

Seine Herrchen oder Frauchen merken, dass ihr Hund anders ist als andere. Er schläft im Bett unter der Bettdecke und schaut Fernsehen wie ein Mensch. Und irgendwann merkt zum Beispiel das Frauchen, dass sie plötzlich immer die Toilettentür schließt, wenn sie aufs Klo muss – der Hund ist einfach zu menschlich. Zur Probe spricht sie ihn manchmal an. Und würde sich nicht wundern, wenn er plötzlich antwortete.

Der Wählerische

Er ist ein wahnsinnig souveräner Hund, der lieber gänzlich auf Gesellschaft verzichtet, als mit schlechter Gesellschaft seine Zeit zu verplempern. Es ist nicht so, dass er seine Artgenossen prinzipiell nicht mag, er gibt sich nur nicht mit jedem dahergelaufenen Hund ab, der sich ihm vor die Füße wirft. Und vor die Füße werfen sich ihm fast alle Artgenossen. Denn an der Seite dieses Hundekönigs wird dir niemals was passieren. Er ist ein begehrter Freund.

Wer es wagt, sich diesem Hund einfach anbiedernd oder übergriffig zu nähern, beißt auf Granit. Der wählerische Hund geht auf solche primitiven Annäherungsversuche nicht ein, sondern schaut stoisch weiter geradeaus und gibt höchstens ein leises, kaum hörbares Knurren von sich, das aber so drohend wirkt, dass es jeden Hund in die Flucht schlägt.

Dieser Hund sucht sich seine Buddys generell selber aus. Das gehört zu seinem Erfolgsrezept. Er spricht schließlich nicht mit jedem. Stattdessen macht er konsequent sein eigenes Ding, nimmt dabei seine Artgenossen allerdings heimlich unter die Lupe und sucht sich einen Hund aus, der sein Freund werden soll. Gerne einen besonders anstrengenden Artgenos-

sen, an dem er seinen Drang nach Autoritätsausübung ausleben kann.

Dann aber sticht ihn der Hafer, und er beginnt, mit diesem
einen Freund plötzlich zu spielen wie ein Junghund auf Speed.
Das Herrchen kennt die Parameter nicht, die bestimmen, welcher Hund auf einmal zum Freund erwählt wird. Der erwählte
Hund versteht es auch nicht, freut sich aber über sein plötzlich
gestiegenes Ansehen auf der Hundewiese.

Der Hysteriker

Er hat gar nichts gegen andere Hunde! Wirklich nicht! Es
scheint nur manchmal so. Zwar hat er bisher keine wirklich
schlimmen Erfahrungen gemacht, aber er hat Angst, dass es
mal dazu kommen könnte. Deswegen beugt er vor und bellt
alles an, was sich ihm auf zehn Metern nähert.

Meist handelt es sich bei den Hysterikern um kleine Hunde, die auf diese Weise hoffen, eventuelle Angreifer präventiv
in die Flucht zu schlagen – Angriff ist schließlich die beste
Verteidigung. Erst wenn der andere Hund zum Gegenschlag
ausholen sollte, fällt dem Hysteriker auf, dass die Idee mit
dem Anbellen vielleicht nicht ganz optimal gewesen ist, und
zieht sich mit ängstlichem Winseln sofort zwischen die schüt-
zenden Beine des Frauchens zurück, das die Sache nun bitte
regeln soll.

Die Entwicklung einer Hundefreundschaft braucht bei ihm
sehr lang, da er sein Misstrauen gegenüber Artgenossen nur
langsam ablegt. Außerdem muss es sich bei seinen potentiel-
len Freunden um Hunde mit stabilem Nervengerüst handeln,
die das Gekläffe bei den ersten zehn Aufeinandertreffen über-

haupt aushalten. Als Freund wiederum ist er dann eine sichere Bank und erträgt fast alles. Schon allein, weil er weiß, dass es Freunde für ihn nicht wie Sand am Meer gibt.

Hygiene ist Ansichtssache: Loten Sie Ihre Grenzen völlig neu aus

Das Thema Hundebesitzer und Sauberkeit ist im Grunde völlig unnötig, zumindest für Menschen, die in normalen Hygienekategorien denken. Denn soll man ernsthaft mit Menschen über Hygienemaßstäbe sprechen, die Tiere mit ins frisch gemachte Bett nehmen, die sich den Tag über in Wiesen und Tümpeln gewälzt haben und deren Mittagessen aus Pferdeäpfeln bestand? Einen Menschen, der sich so benehmen würde und anschließend auf einen Platz im Bett bestünde, würde man bestenfalls unter die Dusche und schlimmstenfalls in die Wüste schicken. Aber beim eigenen Hund ist alles anders. In hygienischer Hinsicht ändert ein Hund das komplette Leben.

Ich selber bin eigentlich ein kleiner Sauberkeitsfanatiker. Ich hasse es, wenn Dinge nicht an ihrem Platz sind, und ich kann Staub und Dreck nicht ausstehen. Ich staubsauge täglich, und beim Betreten meiner Wohnung muss jeder die Schuhe ausziehen. In dieser Hinsicht also war es eine glänzende Idee, sich als Mitbewohner einen Hund auszusuchen, dazu noch einen langhaarigen mit Schwimmleidenschaft.

Hätte ich einen Wunsch frei, dann bestünde der aus einer Art Waschmaschine mit Trocknerfunktion für Hunde. Das Gerät würde vor der Wohnungstür im Hausflur stehen, vor jedem Eintreten in die Wohnung würde man seinen Hund dort hineinstecken, und er käme sauber, trocken und nach Möglichkeit auch noch befreit von lästiger Unterwolle wieder heraus. Warum hat nicht längst jemand so etwas erfunden?

Mit Emma habe ich immerhin noch Glück, denn sie lässt sich nach einer kurzen Phase der Sturheit relativ anstandslos in die Badewanne verfrachten. Auch wenn sie sich beim Hochheben erst unglaublich schwer macht, in der Wanne angekommen dann den Schwanz einzieht, pathetisch zittert und so schaut, als trüge ich eine Fleischerschürze und wollte sie zu Schinken verarbeiten. Unser Deal: Sie lässt alles stoisch über sich ergehen, solange ich sie zum Dank mit der linken Hand ununterbrochen mit Wurststückchen füttere, während ich sie mit der rechten Hand abdusche.

Gegen den großzügigen Austausch von Würstchen lässt Emma eh alles mit sich machen. Sie lässt sich beim Heimkommen die Füße fast ohne Fluchtversuche abputzen, sie lässt sich beim Fellwechsel bürsten, und einmal habe ich sie sogar mit dem Staubsauger abgesaugt, um ein paar Tage Ruhe vor ihren Haaren zu haben. Sie lässt sich die Ohren putzen, ins Maul gucken und versteckt sich nur halbherzig, wenn ich mit der Zeckenzange komme. Aber es hilft alles nichts – die Wahrheit ist und bleibt: Egal wie viel Mühe man sich gibt und wie viel Aufwand man betreibt, ein Hund ist nie ganz sauber.

Was das Thema Hygiene und Hunde angeht, gibt es eine gute und eine schlechte Nachricht. Die schlechte Nachricht: Hunde sind wirklich die unhygienischsten Haustiere, die man sich vorstellen kann. Sie könnten sich ebenso gut einen Puma oder einen Grizzly halten, der hygienische Effekt wäre in etwa der gleiche. Die gute Nachricht: Dem Hundebesitzer ist das (fast und meist) völlig egal.

Oder nein, eigentlich muss man sagen: Dem Besitzer *wird* es irgendwann egal. Das ist wie nach dem dritten Glas Wein an einem schönen Abend mit Freunden, obwohl man am kommenden Tag frühmorgens einen wichtigen Termin hat: Wenn jetzt noch ein viertes Glas dazukommt, macht das den Kohl auch nicht fett. Auf die Hygienesituation mit dem Hund übertragen: Wozu dem Hund nach dem Spaziergang akribisch die Pfoten abputzen, wenn er fünf Minuten später eh das halbe Kilo Schafskot in den Teppich schmiert, auf dem er sich vorhin voll Wonne niedergelassen hat? Wozu eigentlich den Hund aus hygienischen Gründen jeden Tag von der Couch werfen, wenn man an seiner eigenen Hose, mit der man selbst auf der Couch sitzt, genauso viele Hundehaare hat wie der Hund an seinem Körper?

Emma ist charakterlich eine glatte Eins, in hygienischer Hinsicht allerdings eher eine Vier plus: Die abscheulichsten Dinge schmecken ihr am allerbesten, sie hat ziemlich langes Fell, das sie mit Vorliebe verliert oder in dem sie unappetitliche Dinge auf Nimmerwiedersehen verschwinden lassen kann, sie liebt es, zu schwimmen (in allem, was nass ist), sie scheint ein Faible für schlechte Gerüche unterschiedlichster Provenienz zu haben sowie eine große Motivation, diese auch an ihrem Körper zu verewigen. Emma ist außerdem nicht mehr die Jüngste, was bedeutet, dass Zahnstein langsam zum olfaktorischen Problem wird und sie – wenn auch selten – bei großer Begeisterung oder Wiedersehensfreude etwas zu wenig Kontrolle über ihre Blase hat. Man muss sich schon extrem mit Körperflüssigkeiten, Gerüchen und Gepflogenheiten anfreunden, wenn man an einem harmonischen Miteinander mit dem Hund interessiert ist.

Zur Verteidigung: Hunde *können* nicht dezent sein. Sie

sind ungefiltert – anders als wir Menschen. Würden wir nicht im Laufe unseres Erwachsenwerdens von Konventionen und gesellschaftlichen Zwängen verbogen und domestiziert, würden wir uns wie kleine Kinder mitten im Karstadt brüllend auf dem Fußboden wälzen, wenn wir frustriert sind, Hunger haben, uns zu heiß ist oder uns sonst etwas nicht passt. Liefe eine Redaktionskonferenz also nicht hundertprozentig so ab, wie ich es mir vorgestellt habe (was so gut wie immer der Fall ist), würde ich mich dann greinend und mit hochrotem Kopf auf den Boden werfen. Wir würden brüllen, wenn etwas nicht klappt, und lauthals gackern, sobald uns etwas freut. Wir würden uns einfach drücken und küssen, wenn uns gerade danach ist, oder uns eine reinhauen, wenn wir gerade sauer aufeinander sind.

Wir tun es nicht – oder nur sehr selten. Bei Hunden jedoch läuft das wirklich so, und zwar immer. Sie reißen sich nicht zusammen.

Wenn Emma mir also morgens zu verstehen geben will, dass sie es gerade eine Spitzenidee findet, dass ich endlich die Augen aufmache, nachdem sie doch schon eine Dreiviertelstunde lang direkt vor dem Bett sitzt, mich abwechselnd telepathisch anglotzt und anatmet und mich außerdem schon acht Stunden lang nicht mehr so richtig zu Gesicht bekommen hat, dann reicht kein sympathisches Schwanzwedeln. Stattdessen: springen, Haare schütteln, Sprung aufs Bett, Gesicht ablecken, sabbern. Man ist jetzt wach. Und schmutzig. Vielen Dank!

Im Alltag mit Hund geben die Tiere ständig hygienische Statements ab. Im Folgenden ein kleiner Katalog an hygienischen Einschnitten, mit denen sich jeder Hundebesitzer auseinandersetzen muss.

Haare sind ein Basisproblem des Hundebesitzers, vielleicht sogar das prominenteste. Natürlich gibt es mittlerweile Hunderassen, die nicht haaren, die keine Allergien hervorrufen und so weiter. Die meisten Hunde aber haaren wie Sau. Wobei ich nicht verstehe, woher diese Redewendung kommt. Sehr viel angebrachter wäre es, zu sagen: Die meisten Hunde haaren wie Hund. Sie verlieren ihr Fell auf Sofas, auf Fußböden, auf Kleidung, und man fragt sich, wie es sein kann, dass dieser Hund überhaupt noch Fell am Körper hat, wo sich doch eigentlich alles schon in der Wohnung befindet.

Seltsamerweise gelingt es Hundehaaren, sich selbst in die absurdesten Ecken und Orte zu verirren. Und das, obwohl man als Hundebesitzer eh schon das Gefühl hat, ein Viertel seines Tages mit Händewaschen oder Staubsaugen zu verbringen oder neue Fusselbürsten einzukaufen. Es ist einem ein Rätsel, wie die Hundehaare trotzdem schon wieder ins Essen gelangen konnten.

Das Positive an dem Haarausfall: Die verlorenen Hundehaare können vom Herrchen ganz hervorragend als Kontrollmethode verwendet werden. War der Hund in seiner Abwesenheit doch wieder heimlich auf dem Bett? Ein hundeförmiger Fellkranz bringt die Wahrheit ans Licht.

Allerdings kann dieser Kontrollmechanismus auch nach hinten losgehen – etwa dann, wenn man eben noch vor dem Besuch stolz behauptet hat, dass der Hund natürlich niemals auf der Couch sitze, und man dann aufsteht und die gesamte Sitzfläche der schwarzen Hose einen Kreis aus hellen Haaren aufweist.

Wetter wird im Leben eines Hundebesitzers nicht mehr nach den Maßstäben »Jacke mitnehmen«, »Jacke nicht mitnehmen« oder »Regenschirm ja oder nein« bewertet, sondern nach der Hundetauglichkeit. Hundetaugliches Wetter ist selten. Ist es draußen kalt, dann ist es oft auch regnerisch, was einen nassen Hund zur Folge hat, und das gilt es nach hygienischen Gesichtspunkten dringend zu vermeiden. Ist es draußen warm, wollen viele Hunde schwimmen, was wiederum ebenfalls in der Regel zu einem durchnässten Fell führt. Die Wahrscheinlichkeit, nach einem Spaziergang mit einem nassen Hund nach Hause zu kommen, ist also saisonunabhängig ziemlich hoch.

Ein Paradoxon: Manche Hunde lieben es, zu schwimmen, aber sie hassen es, nass zu sein. Diese Diskrepanz müssen die Herrchen ausbaden. Nach einem verregneten Spaziergang beginnt mit vielen Hunden eine dramatische körperliche Auseinandersetzung – meist schon im Treppenhaus, wo die nassen Tiere versuchen, sich am (noch einigermaßen sauber gebliebenen) Hosenbein des Besitzers abzutrocknen. Nun kommt es auf absolute Konzentration und Multitasking-Fähigkeit an: Der Besitzer muss die Tür aufschließen, nach dem Hundehandtuch greifen und sich gleichzeitig den klatschnassen Hund vom Leib halten, der sich mit allen ihm zur Verfügung stehenden Mitteln gegen das Abtrocknen wehrt. Außerdem muss man verhindern, dass der Hund in die Wohnräume gelangt und dort sich schüttelnd eine Ehrenrunde dreht.

Klar, dass bei dieser unfairen Aufgabenverteilung zumeist der Hund als Sieger hervorgeht und das Herrchen nass und schmutzig im Türrahmen steht und zusehen muss, wie der Rottweiler sich am hellen Teppich wohlig trockenreibt.

Kurz wähnte man sich auf diesem Gebiet im eindeutigen Vorteil gegenüber den Katzenbesitzern, weil Hunde nicht auf die Idee kommen, ihren Herrchen und Frauchen tote Mäuse oder Vögel als Liebesbeweis vors Bett zu legen. Hunde sind in dieser Hinsicht sehr viel weniger freigiebig. Im Gegenteil: Hunde schenken nicht – sie horten. *Ungewollte* Geschenke machen sie dennoch. Die sind zwar nicht für das Herrchen bestimmt, werden aber meist trotzdem von diesem gefunden und führen zu schweren Zerwürfnissen zwischen Mensch und Hund.

Es geht dabei um essbare oder zumindest vom Hund als essbar betrachtete Dinge, die er sich für schlechte Zeiten versteckt – dies manchmal so gut, dass das Herrchen sie erst findet, wenn er nach Wochen einer Duftspur folgt, von der er glaubt, sie müsse ihn zu einem Tierkadaver oder Schlimmerem führen. Natürlich hatte man sich damals vor zwei Monaten gewundert, dass der Pekinese diesen Kauknochen von der Größe seines halben Körpermaßes so schnell und offenbar vollständig aufessen konnte, hatte aber dann doch keine weiteren Nachforschungen nach dessen wirklichem Verbleib angestellt.

Gerne wählt der Hund aber auch Verstecke, die nur er für ein gutes Versteck hält. Die Favoriten hierbei: unter Frauchens Kopfkissen oder in Herrchens Pantoffel.

Was das angeht, habe ich übrigens bei Emma wirklich Glück. Denn Emma ist kein Horter. Was daran liegt, dass sie alles, wirklich alles Essbare – jedenfalls das, was nicht in ihrem Napf war – *sofort* auffrisst. In dieser Hinsicht ist das durchaus praktisch.

Speichel

Hundespeichel ist nichts, womit man einen Hundebesitzer ernsthaft schockieren kann. Insgeheim mag es ja jeder, wenn der Hund einem die Hände ableckt. So unhygienisch Hundespeichel auch ist, so schnell wird er total normal im Alltag.

Gut, nicht immer geht es dabei um Sabberfäden, die sich – wie im Film *Scott & Huutsch* – bis zum Boden ziehen, oder um das Kopfschütteln in Zeitlupe, mit dem ein ganzer Garten bewässert werden könnte und das Besucher wie bei einem Amoklauf sofort hinter Möbeln in Deckung gehen lässt. Solche Speichelattacken verursachen nur die wenigsten Hunderassen.

Es geht eher um Alltagsspeichel: Hände ablecken bei der Begrüßung. Füße ablecken einfach so. Beine ablecken, wenn man aus der Dusche kommt. Sonnencreme ablecken am Hundestrand. Möbel ablecken, weil vor drei Jahren an dieser Stelle mal ein Stück Wurst lag. Boden ablecken, weil man daran mal geleckt hat, nachdem man vor drei Jahren daran geleckt hat, als man das Stück Wurst vom Möbelstück geleckt hat.

Stubenreinheit

Jeder Hund hat schon mal irgendwann in die Wohnung oder ins Haus gemacht. Ziemlich oft als Welpe, als Junghund dann regelmäßig aus Protest, anschließend gelegentlich mal aus unkontrollierter Freude, ab und zu vielleicht auch mal unbemerkt – und ganz am Ende dann aus Gründen des Schließmuskelverschleißes.

Die Eskapaden während der Welpenzeit sind prägend für

das Verhältnis zwischen Herr und Hund. Dem Leser sei gesagt: Der Kampf um die Stubenreinheit härtet Sie für all das ab, was Sie in hygienischer Hinsicht noch mit Ihrem Hund erleben werden. Stubenreinheit üben heißt neue Hygienegrenzen üben.

Emma hat nicht so schnell verstanden, wie genau diese Stubenreinheit funktionieren sollte. Dabei hielt ich mich konsequent an die Vorgaben der Fachliteratur. Wenn sie in die Wohnung pinkelte, erfolgte mein lautes, strenges »Nein« innerhalb einer Zehntelsekunde, und innerhalb von weiteren zehn Sekunden hatte ich Emma rausgetragen und dort abgesetzt, wo sie pinkeln sollte. Dass ich dabei manchmal barfuß oder im Schlafanzug war, spielte keine Rolle. Wenn Emma sich draußen erleichterte, reagierte ich mit einer Euphorie, die an den Töpfchen-Tanz junger Eltern erinnerte, wenn ihr Kind zum ersten Mal das Töpfchen benutzt.

Ich beobachtete Emma rund um die Uhr. Und ich habe keine Ahnung, wie es diesem Hund, dessen Durchtriebenheit sich eigentlich in Grenzen hält, gelingen konnte, an meinem Argusauge vorbei in die Wohnung zu machen. Denn immer wieder fand ich unappetitliche Hinterlassenschaften, die mir – wie auch immer – durch die Lappen gegangen waren. Wartete Emma etwa, bis ich im Tiefschlaf lag, um dann aufzustehen und auf die Couch zu machen? Passte sie die kurzen Momente ab, in denen ich unter der Dusche stand, und verdrückte sich dann sofort eilig ins Körbchen, um sich dort zu erleichtern?

Wie auch immer: Jeder, der schon mal nachts auf dem Weg zur Toilette schlaftrunken barfuß in den Haufen eines Welpen getreten ist, weitet sofort schonungslos sein Hygienespektrum aus. Er weiß jetzt, was ihn in den nächsten Jahren noch erwarten wird.

Hunde haben ihre komischen Lieblingsdinge, die für viele Herrchen zur hygienischen Zerreißprobe werden. Es kann dieses eine Kissen sein, das mittlerweile buchstäblich auseinanderfällt, das der Dobermann aber trotzdem immer wieder erbärmlich jaulend aus dem Müll zerrt, wenn Frauchen es weggeworfen hat. Oder diese stinkende, fiese Wolldecke, die irgendwann in den Besitz des Hundes übergegangen ist und die der Pinscher seitdem überall mit hinzerrt und an der er seit Jahren seinen gigantischen Sexualtrieb auslebt. Oder dieser wahnsinnig hässliche Stoffhase, der mittlerweile von alleine steht, weil der jahrelang sorgsam bis in die letzte Faser eingearbeitete Speichel des Cairn-Terriers ihn hat vollständig versteifen lassen.

In Emmas Fall ist das »Lieblingsding« ein großer weicher Stoffball aus der Kinderabteilung eines großen schwedischen Möbelhauses. Ihre Liebe ist dabei nicht auf einen einzigen Ball beschränkt, sondern lediglich auf dieses eine Modell, weswegen sie meist zwei bis drei Exemplare davon parallel in Gebrauch hat. Diese Bälle tausche ich dann und wann heimlich gegen neue aus, sobald sie eine gewisse Grenze an hygienischer Zumutbarkeit überschritten haben, so dass Emma mittlerweile über die Jahre gerechnet etwa 200 dieser Stoffbälle auf dem Gewissen haben dürfte.

Die hygienische Unzumutbarkeit eines solchen Stoffballs ist relativ schnell erreicht, denn die Bälle sind für Emma wie Kameraden, was vielleicht auch an ihrer mangelnden Kontaktpflege zu anderen Hunden liegt. Kennen Sie den Film *Cast Away*? Tom Hanks spielt hier eine Art modernen Robinson Crusoe, der mutterseelenallein auf einer einsamen Insel strandet und irgendwann in einem alten Ball seinen einzigen Gesprächs- und Interaktionspartner findet.

Ein Ball als Interaktionspartner: Ein bisschen so ist das auch bei Emma und ihren wechselnden Stoffbällen. Das war von Anfang an so, obwohl ich einen ganzen Korb verschiedener Spielsachen gekauft hatte. Emma hatte nur Augen für diese Bälle, die damals noch genauso groß waren wie sie selbst. Es machte überhaupt keinen Sinn, ihr zumindest für draußen ein abwaschbares Gummispielzeug schmackhaft zu machen, nein, es musste immer einer der Bälle sein – ein nach spätestens zwei Ausflügen mit Wasser und Schlamm durchtränkter, stinkender dreckiger Stoffball.

Emma hatte als Welpe sogar einen Stoffball im Maul, wenn sie schlief – manchmal so tief, dass ich zeitweise befürchtete, sie sei irgendwie suizidgefährdet.

Die Liebe zum Stoffball ist geblieben. Heute ist es eine Seltenheit, Emma irgendwo *ohne* einen Ball in der Schnauze anzutreffen. Wenn Freunde zu Besuch kommen, wird ihnen als Erstes stolz der Ball präsentiert. Der Stoffball im Maul ist so etwas wie Emmas Markenzeichen. Wäre sie nicht kastriert, würde sie garantiert Scheinschwangerschaften entwickeln und diese Stoffbälle wie Hundebabys um sich scharen.

Emma beschränkt sich in Sachen Ball also auf diese Verwendungsmöglichkeiten: herumtragen, in Pfützen fallen lassen, durch Schmutz rollen, in die Spree werfen, einspeicheln, den Kopf darauf ablegen. Der Beliebtheitsgrad der Bälle bei Emma steigt dabei mit deren hygienischer Unzumutbarkeit für den Menschen. Emmas Liebe zu den Bällen kühlt merklich ab, wenn ich die schlimmsten Bälle irgendwann mit spitzen Fingern wasche und, wenn es gar nicht mehr geht, in den Müll werfe und durch neue ersetze. Diese neuen Bälle werden von Emma zunächst etwas stiefmütterlich behandelt, bis sie irgendwann mit einem gewissen Verschmutzungsgrad geadelt sind.

Ein Ball liegt in der Wohnung, einer im Auto, und einer liegt draußen bei uns im Hinterhof oder im Treppenhaus. Nicht etwa deswegen, weil er dort nach dem Spaziergang vergessen worden wäre (der Ball wird nirgendwo vergessen – notfalls rennt Emma in ungekannter Geschwindigkeit kilometerweit zurück, wenn er irgendwo liegen blieb), sondern weil er ab einem gewissen Verschmutzungsstadium nicht mehr in die Wohnung darf, da man nicht Gefahr laufen möchte, sich eine unangenehme Krankheit oder zumindest eine allergische Reaktion zuzuziehen.

Und auch wenn es natürlich manchmal nervt, dass wir nirgends ohne Ball hingehen können, es gibt für mich fast nichts Rührenderes als diese arglose und fast zärtliche Zuneigung, mit der Emma einen ihrer Bälle durch die Gegend schleppt, als handele es sich dabei um einen echten Freund. Und vielleicht ist es ja sogar so. Eltern haben die Freundschaften ihrer Kinder schließlich auch noch nie verstanden.

Wälzen

Wälzen ist ein unangenehmes Thema für Hundebesitzer, und fast jeder hat damit zu tun. Nur wenige von uns haben Glück und verfügen über Hunde, die sich am Duft von Hundeshampoo der Geruchsrichtung Lavendel ernsthaft erfreuen können und sich nach einem Ausflug im Regen gerne mit einer ordentlichen Portion Febreze ansprühen lassen.

Bei den meisten Hunden nämlich ist die Sachlage ganz

anders. Denn sie lieben alles, was stinkt. Sie nehmen einen ekligen Geruch schon wahr, wenn sie noch kilometerweit von seinem Ursprung entfernt sind, und vereiteln dem Herrchen damit jede Chance auf präventives Anleinen.

Am beliebtesten bei Hunden sind die Gestanksherde natürlichen Ursprungs: Gülle, Fäkalien, Kadaver ... alles, was fault, gärt oder stinkt. All dies riechen sie scheinbar schon viele Meilen gegen den Wind, und ehe der Besitzer schaltet, wälzt sich der Hund bereits wohlig im Hirschkot.

Das Schlimmste daran: Die Hunde möchten diesen Gestank – aus welchen Gründen auch immer – unbedingt an sich und in sich haben. Also wälzen sie sich darin oder fressen ihn sogar. Warum tun sie das? Ist es eine Art Parfum? Ist es eine Art Gemeinmachung mit der Natur in einer viel zu domestizierten Welt? Eine Rebellion gegen die Menschheit? Doch würde es nicht reichen, wenn sie bloß kurz an dem toten Fisch riechen würden? Wäre es nicht genug, den wunderschönen Misthaufen eine Weile zu betrachten? Oder wäre das etwa so sinnlos wie die Empfehlung besonders schlauer Diät-Ratgeber, einfach eine Weile in eine Chipstüte hineinzuatmen, wenn man Lust auf Fastfood hat – um danach angeblich keinen Appetit mehr darauf zu haben ...

Offensichtlich reicht das nicht. Denn wenn sich am Ufer des Rheins plötzlich zehn orientierungs- und hundelose Menschen treffen und gemeinsam ihre Schützlinge suchen, kann man mit ziemlicher Sicherheit davon ausgehen, dass irgendwo ein ziemlich großer toter Fisch herumliegt. Wenn fünf Hunde im Wald plötzlich gemeinsam verschwinden und man sie weit weg im Unterholz erspäht, wo sie sich wollüstig auf dem Rücken kugeln, weiß man, dass dort etwas sehr Schlimmes liegt, und man kann nur hoffen, dass es sich nur um die Exkremente eines Fuchses handelt. Und wer jemals die Exkremente eines Fuchses gerochen hat, weiß, dass das ein wirklich bescheidener Wunsch ist.

Am Umgang der Herrchen mit dem Wälzen der Hunde erkennt man auch eine hartgesottene Randgruppe der Hundebesitzer: diejenigen nämlich, die das Baden und Shampoonieren von Hunden ablehnen, weil es angeblich schlecht für den PH-Wert ihrer Haut ist. Diese Einstellung erfordert enorme Leidensfähigkeit. Das weiß jeder, dessen Hund schon mal in einem Schweinestall verschwunden ist.

Ein guter Kompromiss wäre in so einem Fall ja ein anschließender Sprung in den See oder in den Fluss. Aber wie es die Hundelogik will, sind die einzigen Momente, in denen man Emma *nicht* zum Schwimmen überreden kann, genau diejenigen, in denen sie sich kurz vorher in stinkigen Dingen gewälzt hat.

Das eigene Körbchen

Kennen Sie diesen alten Witz? Sitzt ein Ehepaar am Frühstückstisch. Sagt der Mann: »Ich muss heute zum Arzt und soll eine Urin-, eine Kot- und eine Spermaprobe mitbringen.« Die Frau erwidert ungerührt: »Dann bring doch einfach deine olle Cordhose mit.«

Ein ziemlich platter Witz. Aber auch einer, der sich hervorragend auf das Verhältnis Hund/Körbchen übertragen lässt.

Der Hundekorb ist – auch wenn der Hund sich ständig in Betten und auf Sofas aufhält – sein Kinderzimmer. Sein Bett. Sein Rückzugsort. Der Ort, an dem er Dreck machen darf, in dem alles erlaubt ist, der nur ihm allein gehört. Der Ort, auf den das Herrchen keinen Einfluss ausüben und den er auch nicht mitbenutzen will.

Entsprechend benimmt sich der Hund in seinem Korb – mit bekannten Ergebnissen: Hier wird nass hineingesprungen, hier wird sich geschüttelt, hier wird auch mal vor lauter Hingabe alles mit der Zunge gereinigt. Manchmal, wenn ich Besuch von Leuten bekomme, die ich nicht so gut kenne, sauge und schrubbe ich Emmas »Burg« wie eine Verrückte, damit jeder denkt, es handele sich bei ihr um einen extrem reinlichen Hund. Wer genauer hinschaut, würde freilich plötzlich ganz anders über Emma denken.

Das Duschdesaster

Hunde – auch die Wasserratten unter ihnen – werden nicht gern geduscht, gebadet oder auch nur mit dem Gartenschlauch abgespritzt. Selbst ein feuchter Lappen wirkt auf sie oft schon wie eine finstere Drohung. Als Mensch versteht man das nicht, denn man selber würde sich schließlich nichts sehnlicher wünschen als eine heiße Dusche, nachdem man gerade eine Runde im fiesen, kalten Dorftümpel gedreht und die Farbe Grün angenommen hätte.

Weil das mit der Abneigung von Hunden gegen sauberes Wasser so ist, kommt es oft zum sogenannten Duschdesaster. Das geht so: Der Hundebesitzer, der das Tier in körperlicher Schwerstarbeit (entweder wegen seiner Körpergröße oder seiner Renitenz) in die Wanne respektive Duschzelle gehievt hat, passt für einen winzigen Moment nicht auf. Denn das Tier steht zitternd und mit eingezogenem Schwanz im Porzellan und schaut so unglücklich wie wehrlos. Das Herrchen wähnt sich in Sicherheit und wendet sich ab, um eine Portion Shampoo zwischen seinen Handflächen zu verteilen. Das ist der perfekte Moment für das Duschdesaster: Während das Herrchen mit seinen schaumigen Händen beschäftigt ist, flieht der Hund – plötzlich die Agilität und Sportlichkeit in Perfektion – mit einem gekonnten und blitzschnellen Sprung aus der Wanne. Und ist sofort im gestreckten Galopp in den Untiefen der Wohnung verschwunden.

Der Hund hat einige Sekunden Vorsprung, denn das Herrchen muss seine Hände erst vom Shampoo befreien, bevor es dem Hund hinterherhechten kann –Zeit genug für den Hund, um die saubere Wohnung in ein nasses Schlachtfeld zu verwandeln. In diesen wenigen Sekunden hat sich der Hund mindestens dreimal geschüttelt, sich an diversen Textilien trockengerieben und mit seinen nassen, dreckigen Pfoten alle Räume durchgaloppiert.

Man kann danach also wischen, staubsaugen, die Bettwäsche wechseln und seinen Teppich in die Reinigung bringen. Und wenn man den nassen, entfesselten Hund eingefangen hat, muss man ihn zurück in die Wanne tragen – und kann also auch noch seine Kleidung mit in die Reinigung geben.

Die Duschbrause wird nach so einem Stunt für den Rest des Badevorgangs natürlich auf kalt gestellt. Es wird dem Hund fürs nächste Mal trotzdem keine Lehre sein.

Hundehaufen aufsammeln

Die Hundehaufenfrage ist ein klassischer Konfliktherd zwischen Hundebesitzern und Hundekritikern. Hier entzünden sich die meisten Streits. Oft hat man sogar den Eindruck, die Abneigung gegen Hunde könne bei manchen Menschen einzig und allein auf die Hundehaufenproblematik in Großstädten zurückgeführt werden. Und wenn ich in meiner Straße in Kreuzberg in regelmäßigen Abständen Menschen sehe, die fluchend ihre Schuhsohle am Bordstein abkratzen, kann selbst ich gewisse Ressentiments gegen Hunde absolut verstehen.

Richtig und zwischenmenschlich total angebracht ist: Die Hinterlassenschaften des Hundes gehören vom Besitzer entfernt. Das ist der Preis, den man zahlen muss, wenn man einen Hund haben will. Es ist rücksichtsvoll und selbstverständlich. Auch wenn jeder Hundebesitzer sich schon mal mit dem schönen Schauder des Verbotenen dezent umgesehen und dann den bereits gezückten Kotbeutel wieder eingepackt hat, weil es ihm dann doch zu anstrengend war, dem Hund durch den Knallerbsenstrauch zu folgen.

Aber in der Regel gilt: Der Hund kackt, und das Herrchen hebt das Ergebnis bitte schön auf. Diese Regel führt dazu, dass Hundebesitzer penibel darauf achten, stets einen Kotbeutel bei sich zu haben, etwa für den Fall, dass der Malteser beschließt, heute mal sein Geschäft in der Fußgängerzone zu verrichten, obwohl er dafür sonst immer absolute Ruhe und die Abgeschiedenheit von fast unberührtem Unterholz benötigt.

Um sich derartige Peinlichkeiten zu ersparen, packt der Hundebesitzer immer, wenn er das Haus verlässt, einen Kotbeutel ein, obwohl der Hund natürlich nicht immer ein Geschäft zu verrichten hat. Hundebesitzer erkennt man deswegen unter anderem an den ausgebeulten Taschen ihrer Jacken und Hosen. Mit einer Ausnahme: Aus unerfindlichen Gründen hat man stets genau dann keinen Beutel bei sich, wenn man ihn wirklich dringend benötigt. Eine Ironie des Schicksals, die einen regelmäßig in unangenehme Situationen bringt. In diesen peinlichen Momenten ist man natürlich *nie* allein auf der Straße, sondern umringt von mindestens drei Passanten und zwei Mitarbeitern des Ordnungsamts, die erwartungsfreudig und krawalllustig stehen bleiben und beobachten, wie man auf den unerwarteten Stuhlgang seines Hundes reagiert.

Nicht selten passiert es übrigens, dass man den Haufen des eigenen Hundes in den Wirren des Rhododendronstrauchs nicht findet. Stattdessen nimmt man dann angeekelt ein liegengebliebenes fremdes, starr-kaltes Häufchen mit – nur um unter dem strengen Blick der tatsächlichen oder auch bloß selbsternannten Ordnungshüter nicht ergebnislos aus dem Strauch aufzutauchen.

Der Umgang mit der Kottüte ist für den gemeinen Körperlegastheniker nicht ganz unkompliziert. Denn für die erfolgreiche Entfernung von Hinterlassenschaften ist Multitasking-Fähigkeit gefragt. Man muss den ziehenden Hund an der Leine in Schach halten, gleichzeitig beim Aufsammeln der Hinterlassenschaft mit einer Hand auf die hygienische Unversehrtheit dieser Hand aufpassen, und oft hat man auch noch mit einer Handtasche oder einem Schal zu kämpfen, die einem dabei in die Quere kommen. Schön ist es auch, wenn der Hund unerwarteterweise zweimal muss, man aber logistisch nur auf einmal vorbereitet war. Natürlich steht auch in diesem Fall sogleich ein Passant mit erhobenem Zeigefinger parat.

Die eigene Kleidung

Wenn man sich einen Hund anschafft, erwählt man zu Beginn einige alte Klamotten zu sogenannten »Hundeklamotten«. Das sind Kleidungsstücke, die eigentlich schon längst aussortiert gehören: der alte praktische Parka mit den großen Taschen, den man kaum noch anzieht; die ollen Turnschuhe, die schon viel zu dreckig sind, um sie im Alltag zu tragen; und die Gummistiefel natürlich, die man seit neuestem besitzt. Dazu noch zwei alte Jeans und irgendeine Regenjacke.

Diese Auswahl hält man für unabdingbar für das harmonische Zusammenleben zwischen Mensch (hygienisch) und Hund (unhygienisch). Wenn man das trägt, wird man relaxt sein, wenn der entfesselte Hund an einem hochspringt, damit man den Ball möglichst schnell noch mal wirft. Man kann sich die Hände einfach an der Hose abwischen, nachdem man den speicheligen, schmutzigen, stinkigen Ball auch nach Wurfrunde 35 noch angefasst hat. Und man kann durch nasse Wiesen und Pfützen marschieren, ohne sich danach die nassen Füße zwei Stunden an der Heizung wärmen zu müssen.

Doof nur, dass der Hund schnell fester Bestandteil des Alltags wird. Man macht mit ihm nicht ständig weite »Ausflüge«, für die man sich extra umzieht, sondern man nimmt mit ihm zusammen den Umweg durch den Park, wenn man zu einem Treffen unterwegs ist, oder läuft mit ihm um den See, bevor man direkt weiter zum Meeting muss.

Nun gibt es zwei Methoden: Entweder man muss auch den Rest seines Alltags in der Hundekleidung verbringen, oder man absolviert die Hundespaziergänge in seiner guten Kleidung und wechselt höchstens schnell im Auto die Schuhe (falls man überhaupt mit dem Auto unterwegs ist). Da Variante eins das Herrchen sofort ins soziale Aus katapultieren würde, entscheiden sich die meisten Menschen für die zweite Variante. Und so kehrt sich das schöne Vorhaben der »Hundekleidung« ins Gegenteil. Doch, doch, es gibt noch Hundekleidung – aber dieser Begriff umfasst nach kurzer Zeit als Hunde-Herrchen so gut wie sämtliche Klamotten, bis auf vielleicht zwei, drei Ausnahmen, die für besondere Anlässe im Schrank hängen. Und selbst an denen findet man manchmal noch Haare. Meist aber erst dann, wenn es schon zu spät ist.

»Nein, du gehst nicht ins Wasser! Halt!! Neiiin!!!«

Als Emma noch ein Welpe war, habe ich gedacht: *Da stimmt doch irgendwas nicht.* Denn ich war der festen Überzeugung, dass Golden Retriever im buchstäblichen Sinn die »geborenen« Schwimmer sind, die sich immer und sofort mutig wie David Hasselhoff in *Baywatch* in die Fluten stürzen, sobald man sie ans passende Gewässer bringt. Ich sah Emma vor meinem geistigen Auge lachend und in Zeitlupe in klare Bergseen hineingaloppieren.

Doch Emma war so nicht. Ganz im Gegenteil: Sie hasste Wasser. Sie hatte geradezu Angst vor Wasser, außer vor jenem in ihrem Trinknapf, der anfangs wochenlang als Badewanne zweckentfremdet wurde. Ansonsten machte Emma um Wasser einen großen Bogen. Sie stand unschlüssig am Ufer, zog den Schwanz ein, zitterte theatralisch, winselte, wenn eine Pfote nass wurde, und schaute mich mit einem Gesicht an, an dem ich die blanke Aufforderung nach dem sofortigen Rückzug ins Trockene ablesen konnte. Emma war so unfassbar wasserscheu, dass ich schon gedacht habe, sie sei eine Mogelpackung.

Anfangs freute ich mich sogar über ihre Abneigung. Denn die Liebe zu Wasser war das Einzige, was mir bei der Wahl dieser Hunderasse etwas zu denken gegeben hatte. Ich wohne nun mal nicht an einem See, sondern nur an der Spree. *Und da will ja nun wirklich kein Hund rein*, dachte ich. Was aber, wenn der Hund leiden würde, da er seiner großen Leidenschaft nicht nachkommen könnte? Ich stellte mir vor, wie ich jede freie Sekunde an einem See außerhalb von Berlin stand, nur um meinem Hund eine artgerechte Haltung zu garantieren.

Irgendwann, vor allem im Sommer, tat es mir dann doch leid um Emma und ihre Wasserscheu. Vor allem, wenn ich mit Freunden an Badeseen fuhr und Emma wie ein gehänselter Nichtschwimmer winselnd am Ufer stand und sich nicht reintraute, während alle Herrchen und alle Hunde sich gemeinsam im Wasser vergnügten. Ich wollte auch mit Emma schwimmen gehen.

Da man Emma mit den richtigen Delikatessen sogar in die Hundeschlachterei locken könnte, habe ich sie irgendwann mit Würstchen in den See gelockt. Ich stand im Wasser und hielt eine Wurst in der Hand – und siehe da, Emma setzte langsam eine Pfote nach der anderen ins Wasser. Vorsichtig, tastend, und doch mit wachsendem Gefallen. Sie stellte sich ziemlich an, aber sie folgte mir und dem Wiener Würstchen in den See. Ich bilde mir ein, dies sei ein Vertrauensbeweis gewesen; in Wirklichkeit ist die Macht des Würstchens wahrscheinlich nicht zu unterschätzen. Beim dritten Übungszyklus war Emma dann fast schneller im See als ich, beim vierten Mal war plötzlich das Würstchen egal. Und das war mir bei Emma wirklich neu.

Deswegen darf ich mich heute auch nicht beschweren. Denn ich habe die Samen schließlich gesät. Nein, ich darf mich nicht darüber beschweren, dass sich Emma in jedes verdammte Gewässer stürzt, das ihr vor die Schnauze kommt. Dass ich sie von April bis Oktober im Grunde nie mit ihrer natürlichen Fellfarbe sehe, sondern ihre Farbe zwischen grau (Landwehrkanal), grün (Ententeich) und braun (Pfütze) changiert. Denn Emma hat, was Wasser betrifft, überhaupt keine Ansprüche. Es ist ihr völlig wurscht, ob es sich um einen Badesee handelt, um die Spree, um einen Ententeich, eine Klärgrube oder eine schlammige Pfütze. Ebenso wie es ihr übrigens völlig egal ist, ob sie nach der Abkühlung auch selbständig wieder aus dem Gewässer herauskommen wird. Mehr als einmal habe ich daher schon einen nassen, schweren, anthrazitfarbenen Retriever am Nacken aus der steilen Böschung des Landwehrkanals gezogen. Der Weg hinein ist schließlich ziemlich leicht, wenn man, wie Emma, sogar von Brücken in Seen springt.

Heute schaue ich mit einem leisen Anflug von Neid auf die Herrchen und Frauchen, deren Hunde Wasserverächter sind. Die an den flachen Ufern der Seen stehen und mit verschwörerischem Zureden kleine Leckerli-Stückchen ins seichte Wasser werfen, um ihre Hunde dazu zu bringen, wenigstens einen Fuß hineinzusetzen. Aber es entgeht ihnen auch was. Denn selten sehe ich Emma so glücklich, wie wenn sie im Wasser planscht.

Ich selber überlege mir allerdings zweimal, ob ich Emma ins Wasser begleite. Sobald ich mich nämlich im Wasser befinde, offenbart sich Emmas Retterinstinkt. Ich hatte schon die wildesten Kratzspuren von ihr am Körper, nachdem sie versucht hatte, mich heldenhaft aus dem See zu ziehen. Bei einer solchen Aktion wäre sie selbst fast ertrunken: Als ich das erste Mal mit Emma zum Surfen nach Frankreich gefahren bin, wies ich sie an, am Strand auf mich zu warten. Ein Freund hatte ein Auge auf sie. Aber kaum war ich im Wasser, rannte Emma hinter mir her. Da sie bis dahin nur »langweilige« Gewässer kannte, rechnete sie allerdings nicht damit, dass plötzlich zwei Meter große Wellen auf sie niedergingen. Am Ende war dann ich die Retterin, die zu Emma paddelte, sie aufs Surfbrett zog und zurück zum Strand brachte.

Die Analdrüse

Bevor ich einen Hund hatte, wusste ich nicht, dass es so etwas wie dieses seltsame Organ überhaupt gibt. Ich hatte vielleicht davon gehört, dass Stinktiere über eine seltsame Drüse verfügen, die ihnen zu ihrem Namen verhilft. Aber beim Hund war mir das neu.

Heute wäre ich froh, wenn das immer noch der Fall und ich also immer noch ahnungslos wäre. Hundebesitzer teilen schlimme Gerüche nämlich in drei hierarchische Stufen ein. 1. Gestank, 2. Schlimmer Gestank, 3. Analdrüse. Diese Einteilung ist völlig gerechtfertigt. Und mehr sollte zu diesem Thema auch nicht gesagt werden.

Überleben zwischen Nicht-Hundebesitzern

Folgende Situation: Eine Gruppe Frauen sitzt zusammen. Eifrig werden Smartphone-Bilder von pummeligen Säuglingen herumgezeigt. Kollektive Begeisterung, routinierte Entzückung, höfliche Komplimente. Bis plötzlich eine Frau ihr Handy zückt und das Bild eines in einem Wäschekorb thronenden Baby-Hundes herumreicht. Es folgt plötzliche kollektive Konsternation bei allen Anwesenden – außer bei dem Frauchen, das begeistert doziert, dass das Hündchen die Folgemilch mittlerweile richtig gern trinkt. Das ist der Moment, in dem die »Kinderersatz-Falle« zuschnappt. Wenn das Frauchen jetzt auf die Toilette geht, stecken die anderen ihre Köpfe zusammen, schauen betroffen und identifizieren die ganze Geschichte mit dem Wäschekorb-Foto als typischen Fall von »Hund als Kinder-Ersatz«.

Damit nämlich erklären sich die meisten Menschen, die nichts mit Hunden zu tun haben, das enge, zuweilen fast symbiotische Verhältnis von Herr und Hund. Und zugegebenermaßen klingt der Gedankengang nicht ganz unnachvollziehbar. Denn Menschen, die mit Felltieren sprechen, deren Verdauungsprobleme diskutieren und ihnen kleine Pullover anziehen, bieten diesbezüglich eine ziemlich große Angriffsfläche.

Trotzdem: Hunde sind in der Regel kein Kinderersatz. Die meisten Menschen mit Kinderwunsch bekommen diesen in den Griff, indem sie irgendwann einfach Kinder bekommen oder eines adoptieren. Das ist, in meinen Augen zumindest, die logische Folge auf einen Kinderwunsch. Ein Yorkshireterrier beispielsweise ist eine denkbar schlechte Vertretung für ein Baby, und wer einen unerfüllten Kinderwunsch mit sich rumschleppt, wird auch mit einem Dalmatiner nicht glücklich.

Bestimmte Parallelen zwischen Hunden und kleinen Kindern können selbst »echte« Eltern nicht leugnen: die Sorge, wenn etwas mit ihnen nicht stimmt, sie sich aber nicht artikulieren können; die Sorge, wenn sie versehentlich zeitweise verlorengegangen sind und allein durch ein Kaufhaus respektive ein Waldstück irren; der Stolz darauf, wenn sie wieder etwas Neues gelernt haben; das eigene rissige Nervenkostüm, wenn die Pubertät bzw. die hundetypische pubertätsähnliche

Halbstarkenphase einsetzt; der feste Glaube, dass das eigene Exemplar das süßeste von allen ist, auch wenn genau dieses Exemplar dem Rest der Menschheit in Wirklichkeit wahnsinnig auf den Zeiger geht.

Trotzdem bleibt da die seltsame Skepsis der Kinder-Eltern gegenüber den Hundehaltern, die schon allein deswegen irritiert, weil es ihnen ja auch total egal sein könnte, dass andere Menschen einen Hund wichtiger nehmen, als sie es für angebracht halten.

Um nicht als totale Freaks dazustehen, reißen sich die meisten Herrchen und Frauchen in Anwesenheit von Nicht-Hundebesitzern oft zusammen. Sie zeigen – anders als Mütter – *nicht* ununterbrochen Fotos mit passenden Anekdoten vor. Sie denken sich lieber plötzliche Kopfschmerzen aus, anstatt zuzugeben, dass sie nun nach Hause wollen, weil das Hündchen alleine immer so leidet. Und sie halten sich mit (auch auf Kinder übertragbare) Erziehungstipps à la »Einfach keine Aufmerksamkeit schenken« zurück.

Meine These: Wegen dieser Einschränkung in Gegenwart von Nicht-Hundehaltern stauen Herrchen und Frauchen in ihrem Alltag so einiges an. Ihnen fällt so viel Entzückendes zu ihrem Hund ein, was sie nicht unmittelbar loswerden können. Deswegen platzt es gnaden- und alternativlos aus ihnen heraus, sobald sie unter ihresgleichen sind – so sehr, dass für kein anderes Thema mehr Platz bleibt. So lässt sich die Monothematik auf Hundewiesen erklären.

Ach, und falls bei dem einen oder anderen von Ihnen der Hund doch ein Kinderersatz ist: Behalten Sie es unter Nicht-Hundebesitzern für sich. Es gibt schließlich noch die Hundewiese, auf der Sie Ihre geheime »Elternschaft« voll ausleben können.

Herrchen sind Lügner – Vom Schönreden der Hundemacken

Hundebesitzer tendieren dazu, die Marotten des eigenen Hundes gnadenlos in Schutz zu nehmen. Doch, doch, es gibt in der Welt der Herrchen durchaus fiese, kläffende Köter mit keinerlei Benehmen und stinkigen Dreckspfoten. Es handelt sich dabei bloß keinesfalls um den eigenen Hund! Denn egal welche noch so offensichtliche Macke der eigene Hund hat, das Herrchen wird eine Möglichkeit finden, sie in etwas Positives zu verwandeln.

Das Leben jenseits der Herrchen-Parallelgesellschaft ist hart für Hundebesitzer. Denn während unter Hundebesitzern jeder um die typischen Macken von Hunden und Herrchen weiß, haben die Menschen außerhalb dieses Mikrokosmos oft wenig Verständnis dafür. Deswegen haben sich Hundebesitzer eine Art geheimen Sprachcode zugelegt, um in der Welt der Nicht-Hundebesitzer zu überleben. Neben ganz klaren Lügen wie »Natürlich darf er nicht ins Bett«, »Nein, er bekommt nichts vom Tisch – nie!«, »Er würde niemals in eine Wohnung pinkeln« und »Also, zu Hause klappt das immer …« gibt es eine Reihe von Dingen, die zwar nicht unbedingt gelogen sind, aber die Wahrheit durch eine absolut rosarote Brille schönfärben.

Und so gehört sich das auch. Denn etwas Solidarität zwischen Partnern ist ja wohl mehr als angebracht. Sie möchten doch auch lieber, dass Ihr Mann sagt, »Sie hat gerade Schnupfen« anstatt »Sie hat ein Schnarchproblem«.

Hier ein paar berühmte Beispiele für das skrupellose Schönfärben von Hundemacken:

»Er erzählt gern!«
Übersetzung:
Dieser Hund ist ein gnadenloser Kläffer. Ist er allein zu Hause, bellt er die gesamte Nachbarschaft zusammen. Ist er in Gesellschaft, versucht er, die Runde durch anhaltendes Bellen zum Ballspielen oder auch zum Ortswechsel zu animieren. Und wenn er gerade nichts zu tun hat, kläfft er aus Langeweile. Der Besitzer weiß um dieses Problem, versucht es aber einfach als Kommunikationstalent des Hundes darzustellen und tut so, als habe der Hund wirklich wichtige Dinge zu erzählen. Das genervte Umfeld hasst das Herrchen für diese dreiste Schönfärberei. Es würde aber keinen Sinn machen, ihm das zu sagen – denn der Satz ginge ungehört im Gebell des Hundes unter.

»Er ist immer noch wie ein Welpe.«
Übersetzung:
Der Köter hat nicht einen Funken Erziehung genossen oder zumindest nichts davon verinnerlicht. Es stimmt, dass er sich wie ein Welpe benimmt: Er hat keinen Respekt, vor niemandem, er besteigt alles, was ihm in den Weg kommt, er hat eine Konzentrationsspanne von einer Sekunde und drückt jedem zur Begrüßung seine schmutzigen Extremitäten überallhin, wo er heranreicht, was besonders dann problematisch ist, wenn der »Welpe« bereits ein Stockmaß von etwa 1,60 Meter aufweist. Der Besitzer verweigert jegliche Maßregelung des Hundes und erfreut sich stattdessen an dessen vermeintlicher Kindlichkeit. In Wirklichkeit hat er schon lange vor der Unerziehbarkeit des Rabauken kapituliert. Deswegen glaubt er sich seine eigene Welpen-Argumentation fast schon selber.

»Er liebt Hündinnen!«
Übersetzung:
Der Hund hasst Rüden. Alle Rüden. Deswegen brüllt der Besitzer schon aus 500 Metern Entfernung die Frage, ob es sich bei dem entgegenkommenden Hund um einen Rüden oder eine Hündin handele. Antwortet der Besitzer des anderen Hundes mit »Hündin«, zeigt sich sofort ein breites Lächeln beim Herrchen, das er großspurig damit erklärt, dass sein Hund Hündinnen abgöttisch liebe. In Wirklichkeit zeugt das Lächeln von unglaublicher Erleichterung. Denn hätte die Antwort des anderen Hundebesitzers »Rüde« gelautet, wäre der Mann mit dem Rüden sofort in Stress geraten, gefolgt von panischem Heranrufen des eigenen Hundes in der Hoffnung, dass dieser dem Ruf auch Folge leistet und sich nicht wie ein Berserker auf den arglosen Rivalen stürzt. Rüden, die nur mit Weibchen können, werden in solchen Zweifelsfällen wahlweise an einer 30 Zentimeter kurzen Leine gehalten oder schnellstmöglich auf eine opferfreie Ausweichroute geleitet.

»Ihn bringt nichts aus der Ruhe.«
Übersetzung:
Dieser Hund ist eine echte Schlaftablette. Man kann mit einem Wurfball in der Hand im Seitgalopp über die Wiese springen, sich zusätzlich Würste um den Hals hängen und bellend Purzelbäume machen – er würde einen trotzdem nur angucken, als ob man einen an der Waffel hätte (was man wahrscheinlich auch hat, aber das ist eine andere Geschichte). Das Prinzip, dass Hunde die Menschen zu Aktivität und Sportlichkeit animieren, wird bei diesem Exemplar ins Gegenteil verkehrt. Und trotzdem ist dieser Hund ein echter Fitmacher: Denn die Energie, die das Herrchen aufbringt, um die Schlaftablette aus

der Reserve zu locken, ist gigantisch. Wobei hier gilt: Je größer das Trara des Menschen, desto größer das Fragezeichen über dem Kopf des Hundes, der einfach nur seine Ruhe will.

»Er ist gern überall dabei.«
Übersetzung:
Er kann überhaupt nicht allein bleiben. Sobald sich ein Familienmitglied die Jacke anzieht, sitzt er vor der Haustür und lässt sich dort nur mit größtem Widerwillen wegschieben. Hat man es aus der Tür geschafft, hört man sofort Kratzgeräusche an der Massivholztür, verbunden mit herzzerreißendem Jaulen, was einen in den Augen der Nachbarn wie einen Tierquäler dastehen lässt und einem auch schon mal eine Anzeige wegen Ruhestörung einbringt. Das Herrchen nimmt den Hund deswegen fast überallhin mit. Auch an Orte, die dem Hund normalerweise nicht unbedingt gut gefallen, oder an Orte, an denen Hunde gar nicht erlaubt sind.

»Der kuschelt so gern ...«
Übersetzung:
Dieser Hund ist eine üble Klette. Er sitzt dem Besuch auf dem Schoß, sabbert in den Apfelkuchen und begrüßt Menschen generell mit Zungenküssen. Er hat es einfach nie anders gelernt, und genau für dieses Versäumnis schämt sich sein Besitzer insgeheim zutiefst. Aber er weiß, dass es eine Heidenarbeit wäre, den achtjährigen Irischen Wolfshund jetzt noch mal komplett umzupolen. Deswegen lehnt er sich einfach im Stuhl zurück, verschränkt die Arme und sagt entzückt diesen Satz, während der Wolfshund seinen Kopf auf die Schulter des Gastes legt.

»Zum Apportieren hat der keine Lust.«
Übersetzung:
Dieser Hund ist nicht die hellste Kerze im Leuchter. Er rafft einfach nicht, was er machen soll, wenn das Herrchen einen Stock wirft. Und das Herrchen hat es wirklich versucht – sogar mit Futterbeuteln. Doch der Hund hat minutenlang immer nur stumpf auf den Futterbeutel gestarrt, und wäre er ein Hund in einem Comicheft, wären über seinem Kopf viele Fragezeichen aufgepoppt. Um dem Hund weitere Demütigungen zu ersparen, hat das Herrchen aus der Not des Hundes einfach eine Tugend gemacht und ihn zum weisen Stoiker ernannt.

Ich darf mich nicht darüber beschweren, dass ich Emma von April bis Oktober im Grunde nie mit ihrer natürlichen Fellfarbe sehe.

Gesunde Hunde – Von Medizin und Tierarztbesuchen

Wenn das Wohlbefinden des Hundes über alles geht – notfalls über das eigene

Herrchen und Frauchen kultivieren ausnahmslos eine merkwürdige Eigenschaft: Sie sorgen sich über alle Maßen um die Gesundheit ihres Schützlings. Klar, denn immerhin kann der Hund nicht einfach sagen, wenn ihm etwas weh tut oder wenn er von einem bestimmten Futter immer Bauchschmerzen bekommt. Man muss es selber herausfinden, und das ist gar nicht so einfach.

Die Folge ist eine minutiöse Beobachtung des Tiers durch den Besitzer. Jede kleinste Abweichung vom normalen Verhalten wird dann als alarmierendes Warnsignal des empfindlichen Hundegesundheitssystems verstanden. Jedes Magenknurren wird registriert, jedes im Hals steckengebliebene Leckerli als starker Husten gewertet, jede »schlechte Laune« auf mögliche physiologische Hintergründe hin überprüft.

Ein interessantes Phänomen: Die Hundebesitzer scheinen sich zuweilen viel mehr um die Gesundheit ihres Hundes zu sorgen als um ihre eigene. Ein exemplarischer Klassiker auf Hundewiesen: Eine Gruppe Herrchen und Frauchen steht zusammen und sieht den spielenden, buddelnden, schnüffelnden Hunden zu. Eine Frau klagt in einem Nebensatz über anhaltende starke Rückenschmerzen, ein Mann erwähnt beiläufig, er müsse nach Jahren der Abstinenz dringend mal wieder Sport machen, eine Dritte zündet sich die achte Zigarette in einer Stunde an, eine andere meint, sie müsse dringend mal wieder zu irgendeiner Vorsorgeuntersuchung, und wieder ein anderer beißt bereits in den dritten Schokoriegel, obwohl er mindestens 20 Kilo Übergewicht hat. Völlige Normalität. Keiner wundert sich.

Die wirklich wichtigen, unaufschiebbaren Themen der kleinen Runde hingegen lauten: Die Bachblütentherapie bei Labrador-Hündin Laika hat bisher nicht optimal angeschlagen. Seitdem Welsh-Terrier Krümel nur noch Straußenfleisch aus Australien bekommt, ist seine Futtermittel-Allergie schon viel besser geworden. Weimaraner Paulchen ist einfach überhaupt nicht ausgeglichen, wenn er nicht täglich mindestens acht Kilometer strammen Auslauf hat. Schäferhund Hasso hat nun endlich einen erhöht stehenden Futternapf, damit er sich beim Fressen nicht immer so weit herunterbeugen muss, was nämlich total auf seine Nackenmuskulatur geht, die oft verspannt ist. Und Dogge Lina muss spätestens heute zum Tierarzt, denn sie lahmt seit zwei Tagen leicht. Was sein muss, muss sein.

Absurd, oder? Fast scheint es, als sei das Wohl der Hunde wichtiger als das Wohl der Menschen. Allerdings kann auch ich mich von diesem Verhalten nicht frei machen. Emma bekommt nur das Beste vom Besten zu fressen, auch wenn ich dagegen gerne mal einen Burger mit Pommes und Majo zu mir nehme. Ich bekomme sofort ein schlechtes Gewissen, sobald Emma mal an einem Tag zu wenig an die frische Luft kommt, auch wenn ich selber – wie jeder andere Mensch – manchmal echt langweilige Tage habe. Wenn Emma mal etwas träger erscheint, als ich es gewohnt bin, quält mich gleich die Sorge, dass irgendetwas ernsthaft im Argen liegen könnte – obwohl natürlich auch ich an manchen Tagen einfach fitter bin als an anderen. Und ich gebe zu: Auch ich bin schon mal lieber nach Hause gegangen als nach der Arbeit spontan in die Kneipe, nur weil Emma nun mal noch nicht zu Abend gegessen hatte. Und wenn ich selber an diesem Tag eine Mahlzeit ausgelassen hatte? Unwichtig!

Aber: Lieber einmal zu oft besorgt sein als einmal zu wenig. Das weiß ich spätestens seit der Sache mit Emmas Herz. Ich merkte vor ein paar Jahren, dass Emma plötzlich weniger Ausdauer hatte als sonst und dass sie viel mehr hechelte, als ich es gewohnt war, sogar bei kleinsten Anstrengungen. Ich ließ sie untersuchen und bekam eine niederschmetternde Ansage vom Tierarzt: Es könne sein, dass Emma eine seltene und sehr schwere Herzkrankheit habe, und wenn sich sein Verdacht bestätige, wäre es in ein paar Wochen vorbei mit ihr.

Ich schleppte Emma zu diversen anderen Ärzten – zu den Besten der Besten natürlich, zu den wahren Hundemedizinkoryphäen. Sie ließ geduldig diverse Tests über sich ergehen, die ermitteln sollten, was nun wirklich mit ihrem Herz los war. Aber auch ich durchlief in diesen schwierigen Wochen zwangsläufig einen Test: Denn plötzlich war dort jemand, der ausgesprochen hatte, dass Emma sterblich ist. Ich hatte noch nie darüber nachgedacht. Nun war ich plötzlich dazu gezwungen, mir vorzustellen, wie es sein würde, wenn Emma einfach nicht mehr da wäre.

Schließlich aber gaben die Spezialisten Entwarnung: Der Arzt mit der Hiobsbotschaft hatte sich geirrt. Emma war nicht schwer krank, sondern »lediglich« etwas herzschwach. Sie musste eine Zeitlang Tabletten einnehmen, und das war's. Eine schlimme Krankheit hatte sie nicht.

Ganz nebenbei: Ich hätte kurz danach allerdings auch eine Tablette für mein Herz benötigt – nämlich, als ich die Rechnung sah. Denn die Kosten für die ganzen Tests und Tierarztbesuche beliefen sich auf rund 2000 Euro. Ein ziemlicher Batzen Geld. Aber was meinen Sie, was ich gemacht hätte, wenn das Ganze 10 000 Euro gekostet hätte? Ich hätte auch das bezahlt, selbst wenn ich mich dafür hätte verschulden müssen – mit der größten Selbstverständlichkeit. Denn eines war mir immer klar: Ein Hund braucht Zeit, Liebe, Auslauf – und man selber braucht Geld, damit das alles so funktioniert.

Auch wenn das Emmas einzige »ernste« gesundheitliche Malaise war: Das bedeutet nicht, dass ich nicht auch um Emmas eher harmlose Zipperlein einen riesigen Wind gemacht hätte. Denn dazu neigen Hundebesitzer. Zipperlein werden nicht selten zu großen, lebensbedrohlichen Erkrankungen hochstilisiert. Herrchen haben nämlich einen starken Drang zur Übertreibung. Wenn der Hund plötzlich schnarcht, liegt das bestimmt nicht nur an einem leichten Schnupfen oder einer ungünstigen Schlafposition, sondern es handelt sich mit Sicherheit um einen gefährlichen Speiseröhrenkropf. Wenn der Hund wiederholt versucht, sich zu übergeben, liegt es sicherlich nicht daran, dass er gerade eine Stunde unter dem Bett gewütet und dabei schätzungsweise zehn Wollmäuse verschluckt hat, sondern es könnte natürlich auch eine lebensbedrohliche Magendrehung dahinterstecken. In jedem Fall: Ein handelsübliches Herrchen steht schneller beim Tierarzt auf der Matte, als dem Tierarzt manchmal lieb sein dürfte.

Viele Hundebesitzer haben bereits eine umfangreiche Internet-Recherche sowie die Erstellung einer fast unumstößlichen Eigendiagnose hinter sich, wenn sie die Tierarztpraxis betreten. Der Tierarzt kann dann mit noch so kompliziertem Fachvokabular kenntnisreich um sich werfen – das Herrchen ist stets auf dem aktuellen Forschungsstand. Und wenn der Tierarzt einen mit der harmlosen Diagnose eines leichten Fußpilzes nach Hause schicken will, lässt es sich so mancher nicht nehmen, doch noch mal detailliert und mit Fangfragen nachzuhaken, ob es sich hierbei nicht auch um einen komplizierten Fall eines Demodex-Milben-Befalls handeln könnte – und wedelt bereits mit einem entsprechenden Google-Bilder-Ausdruck vor der Nase des Fachmanns herum.

Andere Herrchen wiederum sind kurz davor, den Tierarzt wie den Heiland zu behandeln und sofort vor ihm auf die Knie zu fallen, weil sie im Wartezimmer in langen, stillen Reden schon Abschied von ihrem Tier genommen haben und der Tierarzt dem Hund nun mit der Diagnose »Blähungen« gefühlt ein zweites Leben geschenkt hat.

Auch ich neige dazu, selber am allerbesten zu wissen, was gut für meinen Hund ist, was mein Hund braucht und was meinem Hund fehlt. Was ist schon ein universitäres Fachstudium nebst Doktortitel gegen das untrügliche Gespür eines Frauchens für seinen Hund? Vielleicht spielt hier die Tatsache eine Rolle, dass ich aus einer Arztfamilie komme. Besonders zu Beginn der Ära Emma habe ich wohl so manchen Tierarzt mit zum Teil wahrscheinlich recht hanebüchenen Eigendiagnosen fast in den Wahnsinn getrieben.

Auch Hunde zeigen kein einheitliches Verhalten, was den Tierarztbesuch betrifft. Für viele ist er eine mittlere Katastrophe, weswegen die meisten Hunde auch nicht zum Tierarzt *gehen*, sondern zum Tierarzt *gezogen* werden. Andere Hunde wiederum tänzeln geradezu leichtfüßig und in Angeberpose ins Wartezimmer und wundern sich dort über die vielen in Schockstarre neben ihren Herrchen kauernden, zitternden Trauergestalten.

Emma hasst den Tierarzt, obwohl sie sonst alle Orte liebt, an denen es eine Leckerli-Flatrate gibt. Immerhin wird sie inzwischen fast immer *neben* und nicht *auf* dem Behandlungstisch untersucht – der ist nämlich ihr größtes Hassobjekt. Doch obwohl der Tierarzt und ich ihr weitestmöglich entgegenkommen: Nach einem Tierarztbesuch kann ich mir so gut wie sicher sein, dass mich Emma den ganzen Tag nicht mehr anschaut, weil ich ihr diese schreckliche Prozedur angetan habe.

Dabei meine ich es doch immer gut! Ja, auch damals, als ich mir sicher war, dass Welpe Emma ihre plötzlich unauffindbare Steuermarke gegessen haben und deswegen kurz vorm Darmverschluss stehen musste. Dass das am Ende falscher Alarm war und ich nicht mit ihr zum Tierarzt hätte brausen müssen wie bei einem Notfalleinsatz, konnte ich schließlich nicht ahnen.

Während meiner Aufenthalte in diversen Wartezimmern habe ich viele Hunde und ihr Verhalten beobachtet und festgestellt: Das Spektrum reicht von entfesselter Freude bis zu versuchtem Suizid. Die folgenden Hundetypen trifft man dabei immer wieder.

Die Bauchschmerzen waren wirklich sehr schlimm. Also anfangs. Deswegen lag der Hund auch zitternd im Körbchen und ließ sich über Stunden von Frauchen den harten Bauch massieren. Raus in den Regen musste er auch nicht. Stattdessen durfte er ausnahmsweise mit auf die Couch, denn er schaute wirklich sehr leidend.

Aus all diesen Gründen schien es dem Simulanten nur logisch, die Bauchschmerzen künstlich zu verlängern. Dass er deswegen gleich zum Tierarzt muss, stand allerdings nicht im Drehbuch. Dort sitzt er nun leider.

Je länger sich der Simulant im Wartezimmer befindet, desto brüchiger wird seine Patienten-Fassade. Irgendwann kennt er nur noch eine Krankheit: gähnende Langeweile. Nach einer halben Stunde beginnt er daher, mittels freudigem Schwanzwedeln Kontakt zum Nebenmann aufzunehmen, und wirft sich in eindeutige Spielpose. Das Herrchen wird ob der scheinbaren Spontangenesung skeptisch. Auch weil der Simulant plötzlich wieder unbändigen Appetit hat und in Richtung Leckerlis an der Hundebar zieht.

Der Arzt kann absolut nichts Auffälliges feststellen, außer die Bombenlaune des Hundes, der auf dem Behandlungstisch freudig Pfötchen gibt und weitere Leckerlis einfordert. Die dramatischen Beschreibungen von starken einseitigen Lähmungserscheinungen und Krämpfen, die das nun verunsicherte Herrchen zum Besten gibt, quittiert der Arzt mit einem ungläubigen Blick. Und mit einer saftigen Rechnung für den Komplett-Check-up.

Für den Rest des Tages ist das Herrchen maximal genervt von seinem Hund, was dieser beunruhigt registriert. Vor

Schreck bekommt er gleich wieder Bauchweh und beschließt, für die nächsten Tage zusätzlich noch ein Bein nachzuziehen.

Der Theatraliker

Dieser Hund hat von jeher einen Hang zum wehleidigen Drama. Er stößt zum Beispiel bereits markerschütternde Schmerzensschreie aus, bevor ihn der entgegenrennende Rottweiler überhaupt erreicht hat, und humpelt winselnd auf drei Beinen, wenn ihm nur ein Grashalm am Hinterlauf klebt. Analog dazu sucht seine Show im Wartezimmer der Tierarztpraxis ihresgleichen: Der Theatraliker jammert, er zittert, er versteckt seinen Kopf in Frauchens Armbeuge und wirft sich auf den Rücken. Und, ganz besonders wichtig: Er genießt die Aufmerksamkeit des ganzen Wartezimmers in vollen Zügen. Denn alle Umsitzenden schauen auf ihn. Man krault ihm den Kopf, tätschelt seinen gegeißelten Körper, und die Sprechstundenhilfen versprechen einen besonders zärtlichen Umgang bei der Behandlung. Er tut allen leid – und das genießt der Theatraliker in vollen Zügen.

Als er schließlich aufgerufen wird, wirft er sich kapitulierend wimmernd auf den Boden, lässt sich vom Frauchen auflesen und ins Behandlungszimmer tragen. Seine Miene sagt: »Okay, ich ergebe mich. Tut mit mir, was ihr tun müsst. Ich ertrage es.«

Nach dem Heimkommen liegt der Theatraliker erschöpft im Körbchen und leckt sich noch stundenlang die Einstichstelle der Spritze. Aber nicht ohne einen prüfenden Seitenblick aufs Frauchen. Wäre ja schade, wenn sie das nicht mitbekommen würde.

Ein Tierarztbesuch löst beim Angsthasen unglaublichen Stress aus. Und der ist, anders als beim Theatraliker, nicht gespielt – leider. Dafür muss er nicht mal schlechte Erfahrungen gemacht haben. Er ist nun mal von Natur aus einfach ein unglaublicher Schisser.

Selbst wenn der Angsthase vor dem Tierarztbesuch nicht wirklich einen Tierarzt gebraucht hat, braucht er spätestens dann einen, wenn er verstanden hat, dass es jetzt zum Tierarzt geht. Der Angsthase reagiert darauf nämlich mit sofortigem Stressdurchfall, Übelkeit und Schließmuskelversagen. Auch die Gefahr eines Knochenbruchs ist gegeben, denn der Angsthase stürzt sich beim Tierarzt während der Behandlung diverse Male harakirimäßig vom Behandlungstisch, weil er lieber sterben möchte, als dieses Martyrium über sich ergehen zu lassen.

Der Angsthase wird von seinem Herrchen ins Wartezimmer gezogen und hinterlässt dabei mit seinen Krallen tiefe Furchen im Linoleumboden. Der Weg nach draußen geht deutlich schneller: Der Angsthase zieht so stark an der Leine durch die Tür, dass das Herrchen es fast nicht mehr schafft, die Behandlung zu bezahlen.

Nur langsam erholt sich der Angsthase vom schrecklichen Tierarztbesuch und ist für den Rest des Tages zu Hause zitternd unter dem Bett anzutreffen.

Das Herrchen leidet mit seinem Hund. Deswegen geht er auch nur im äußersten Notfall überhaupt zum Tierarzt. Sein Hund sieht das ähnlich: Er überspielt Schmerzen so lange, bis es gar nicht mehr geht. Wenn der Angsthase erste Anzeichen von Humpeln zeigt, kann man daher sicher sein, dass er eigentlich schon kurz vor der Amputation steht.

Er weiß nicht, warum er hier sein muss. Klar tut das alles weh mit dieser tiefen, nässenden Bisswunde am Ohr, aber gleich zu diesem Pfuscher rennen, der sich »Arzt« nennt? Da stimmt doch irgendwas nicht. Und Frauchen war ohnehin so seltsam in letzter Zeit. Ob sie ihn loswerden will?

Nichts schmerzt mehr als der Vertrauensbruch durch das Frauchen, das ihn an diesen Ort des Schreckens gebracht hat. An diesen Ort, an dem mit sinnlosen Spritzen und brennenden Salben hantiert wird. An diesen Ort, an dem Hunde gebrochen werden. Oder wie erklärt man sich sonst diese erbärmlichen Kreaturen, die das Sprechzimmer wieder verlassen – *wenn* sie es überhaupt jemals wieder verlassen?

Entsprechend renitent verhält sich der Verschwörungstheo-retiker-Hund. Er tut alles, um nicht in dieses Sprechzimmer zu müssen. Er versucht, sich im Wartezimmer aus seinem Halsband zu winden oder wegzuschleichen, notfalls verteidigt er sich auch mit den Zähnen, wenn man ihm zu nah kommt. Zuerst aber versucht er, die Lemminge im Wartezimmer mit wildem Bellen und Augenzwinkern auf seine Seite zu ziehen. Aber die reagieren nicht. Wahrscheinlich Gehirnwäsche. Oder Drogen. Oder sie stecken mit denen unter einer Decke.

Am Ende hilft alles nichts: Der Verschwörungstheoretiker bekommt einen Maulkorb und muss die Behandlung über sich ergehen lassen. Aber nicht, ohne sein Frauchen dabei telepa-thisch anzustarren. Vergeblich allerdings, wie der Verschwö-rungstheoretiker längst weiß: Seit der letzten Vollnarkose, aus der er ohne Hoden erwachte, traut er seinem Frauchen sowieso alles zu. Seine Rache ist nach jedem Tierarztbesuch furchtbar. Er wird seinen Besitzer tagelang mit Missachtung strafen.

Der Coole

Dieser Hund betritt das Wartezimmer extrem lässig und weiß überhaupt nicht, was diese apokalyptische Atmosphäre hier eigentlich soll. Deswegen gibt er auch alles, um für einigermaßen gute Stimmung unter den Anwesenden zu sorgen. Er sitzt ohne Leine völlig relaxt neben seinem Herrchen, gähnt gelegentlich und quittiert jede Reaktion von Mensch und Tier mit freudigem, aufmunterndem Schwanzwedeln. Hier geht's ja eh bloß um einen kleinen Piks beim Impfen oder um einen Verbandswechsel – die sollen sich mal alle nicht so anstellen.

Der Coole lässt alle anderen Hunde blass aussehen. Und er genießt es auch ein bisschen, lässig schlendernd an den Angsthasen vorbei ins Sprechzimmer zu traben. Steht dann wider Erwarten plötzlich doch mal etwas Schmerzvolles an, ist der coole Hund zumindest ein wenig in seiner Coolness erschüttert. Das würde er aber natürlich niemals zugeben. Mit hysterischem Schwanzwedeln verlässt er die Praxis. Denn wenn man ganz doll mit dem Schwanz wedelt, kann man das leichte Zittern überhaupt nicht mehr sehen.

Die ersten Zipperlein

Oft hört man von älteren Leuten, dass man früher die Hunde einfach erschossen habe, wenn sie ihre Arbeit nicht mehr verrichten konnten oder einfach alt und gebrechlich waren. Das ist in der heutigen Zeit, in der Hunde viel häufiger Sozialpartner als Nutztiere sind, in weiten Teilen der zivilisierten

Gesellschaft nicht mehr vorstellbar. Beim Großteil der Herrchen und Frauchen gilt: Kein Hund wird eingeschläfert, wenn es nicht unbedingt nötig ist.

Stattdessen sieht man selbst steinalte Hündchen durch die Straßen humpeln und findet es völlig normal, dass die Herrchen und Frauchen das Futter pürieren, damit der komplett zahnlose Yorkshireterrier es auch anständig essen kann. Ich habe beim Tierarzt sogar schon einmal einen Foxterrier gesehen, der nach einem Schlaganfall seine Hinterbeine nicht mehr bewegen konnte und deswegen mit den Hinterbeinen auf einer Art Rollgestell durchs Wartezimmer fuhr und nur mit den Vorderbeinen lief.

Natürlich muss man sich ab einem gewissen Punkt fragen, ob man dem Tier noch etwas Gutes tut oder aus egoistischen Gründen nur sein qualvolles Leben verlängert. Aber das sagt sich natürlich viel leichter, wenn man selber nicht in dieser Situation ist. Und zumeist rührt es mich sehr, wenn ich sehe, wie Leute ihre Dogge jeden Tag mehrmals in den dritten Stock und wieder heruntertragen, weil sie nun mal Hüftprobleme hat. Oder wenn die Besitzer des uralten Pudels ihre Wohnung einfach nicht umräumen dürfen, weil der Pudel so schlecht sieht und gerade gelernt hat, sich mit der Einrichtung blind zu arrangieren und nicht mehr alle zwei Minuten vor die Schrankwand zu laufen. Oder wenn die Besitzer des Schäferhunds sich eine Rampe ins Auto einbauen lassen, damit er auch ohne Sprung in den Kofferraum kommt.

Emma ist nun langsam in einem Alter, in dem man merkt, dass sie kein Junghund mehr ist. Sie ist fit, klar! Sie ist ja schließlich ziemlich viel unterwegs, ernährt sich super und treibt Sport. Aber sie ist nun mal auch fast zehn Jahre alt. Und das merkt man. Die Zeiten, in denen sie mit 45 Sachen neben mir (ich saß im Auto!) herrannte, sind vorbei. Man merkt es aber auch daran, dass sie manchmal lieber im Park neben mir liegt und den Vögeln zusieht, anstatt so zu tun, als könnte sie alle Vögel fangen, wie sie es vor ein paar Jahren noch getan hat – ungeachtet der Tatsache, dass Vögel fliegen können und Emma nicht.

Ihre Ruhe freut mich natürlich in manchen Situationen, weil ich so mehr Quality Time mit Emma habe. Heute kuschelt sie plötzlich manchmal von sich aus und muss nicht mehr mit Wurst und Überredungskünsten auf die Couch gelockt werden.

Emmas gesundheitliche Alterserscheinungen halten sich bislang in Grenzen. Okay, ich spare zwar schon seit Jahren darauf, dass Emma irgendwann eine künstliche Hüfte bekommt. Damit rechne ich, seitdem meine Nichte sie im Welpenalter mal hat fallen lassen, weil sie dachte, mit Hunden verhalte es sich wie mit Katzen. Aber bisher hat sie keine Probleme.

Am auffälligsten ist an Emma der ganz langsam, aber unübersehbar einsetzende Altersstarrsinn. Wir gehen immerhin langsam in ein Stadium über, in dem es keinen Sinn mehr macht, ihr gewisse Marotten auszutreiben – etwa das Anbellen von Betrunkenen, das Anspringen von Freunden oder auch Fremden oder eigenständige Spaziergänge außer Sichtweite –, sondern man akzeptiert, dass diese Angewohnheiten bleiben und sich eher noch verstärken.

Bei gewissen Dingen bin ich nicht sicher, ob es nun am Alter liegt oder daran, dass Emma ein sehr schlauer Hund ist. Hört sie wirklich nicht, wenn ich sie rufe? Oder will sie mich nicht hören und weiß, dass sie einen gewissen Ungehorsam auch einfach auf ihre nachlassende Hörkraft schieben kann? Kann sie wirklich nicht mehr laufen, oder hat sie nur einfach heute keine Lust, joggen zu gehen, weil es regnet? Und warum funktioniert das schnelle Laufen plötzlich wieder einwandfrei, sobald Kaninchen in der Nähe auftauchen?

Man schaut sich den eigenen Hund ab einem gewissen Alter anders an. Eine Beule, wo vorher keine war – ist das ein Tumor? Emma steht komisch auf – oh Gott, die Hüfte, womöglich Arthrose. Aber zum Glück sind wir bis jetzt von Schlimmerem verschont geblieben. Und ich klopfe auf Holz, dass das auch noch eine ganze Zeitlang so bleiben wird.

Grünlippmuschelextrakt und Knoblauchgranulat: die Zusatzapotheke in der Küche

Wenn ich meinen eigenen, kleinen Apothekenbereich im Badschrank so ansehe, kommt er mir wirklich übersichtlich vor: Magnesiumtabletten (falls man mal zu lange joggen war), Multivitamintabletten (die schon seit Jahren dort herumstehen), vielleicht noch Tigerbalsam gegen Kopfschmerzen. Viel mehr ist da nicht. Auch wenn ich weiß, dass man eigentlich auf seinen Omega-3-Fettsäuren-Haushalt achten sollte und auf die B-Vitamine. *Aber das ist doch alberner Schnickschnack*, denke ich – *braucht doch keiner*. Nun, zumindest denke ich so, was mich und meinen Körper betrifft.

Bei Hunden allerdings werden viele Herrchen zu wahren Zusatzstoff-Fanatikern. Es gibt Menschen, die eigenhändig mit dem Mörser Eierschalen zerstoßen, um dem Hund die nötige Ration Kalk zu verabreichen. Ich selber bin zwar nicht ganz so skrupulös, aber Emma bekommt *natürlich* ihren Grünlippmuschelextrakt für die Gelenke, ihre Fischölkapsel für die Omega-3-Fettsäuren sowie Knoblauchgranulat gegen Altersbeschwerden. Und ab und an noch ein paar Vitamine.

Emma ihrerseits hält nicht viel von diesen Zusatzmittelchen. Vor allem dann nicht, wenn sie in Tablettenform verabreicht werden. Viele Menschen behaupten ja, Golden Retriever seien nicht unbedingt die Super-Brains unter den Hunderassen. Das ist natürlich totaler Quatsch. Alle, die das behaupten, sollen sich mal meinen Kampf ansehen, wenn Emma mal eine Tablette nehmen muss. Emma bekommt viele Leckerlis am Tag, manchmal auch zu viele. Ziemlich oft bekommt sie auch was vom Tisch. Und Fleischwurst habe ich sowieso immer für sie im Kühlschrank. Ihre Leckerlis und kleinen Extras werden normalerweise ganz ohne Kauen einfach und ziemlich wahllos verschlungen. Es spielt dabei keine Rolle, ob die Fleischwurst noch Pelle hat oder am Käsestück noch ein Stück Frischhaltefolie klebt.

Diese Regel kennt nur eine Ausnahme: Emma erkennt völlig sicher, wenn in einem Stück Wurst eine Tablette versteckt ist. Oder Wurmkuren. Woran merkt sie das bloß? Liegt es an meinem auffälligen Blick? Liegt es an der Art und Weise, wie ich mich kurz vorher umdrehe, um das Tablettenstückchen zwecks perfekter Tarnung in die Wurst zu drücken? Ich habe es in zehn Jahren nicht herausgefunden.

Jedenfalls ist Emma in der Lage, selbst eine winzig kleine halbe Tablette filigran aus einem Stück Fleischwurst zu operieren. Das ist eine koordinatorische und intellektuelle Höchstleistung! Sie jongliert das Stück Wurst im Mund, trennt im Mund Wurst von Tablette, schluckt die Wurst gierig herunter, spuckt anschließend die Tablette verächtlich wieder aus und schaut mich an – so als wüsste sie genau, dass sie auf diese Weise in den Genuss weiterer Wurststücke kommt, so lange, bis sie die Tablette endlich geschluckt hat. Ob diese Leistung sie geistig fitter halten wird, als die Vitamintablette an sich, die zu schlucken sie sich beharrlich weigert? Es würde mich nicht wundern.

Doch auch abseits von Mittelchen in Tablettenform schlägt man sich mit einer nicht unwesentlichen Anzahl an relativ verzichtbaren Präparaten herum und muss irgendwann feststellen, dass im eigenen Medizinschrank nur ein paar Kopfschmerztabletten liegen, während die Hundeapotheke mittlerweile auf ein erschreckendes Volumen angewachsen ist. Dort findet man Mittelchen für alles: Spezialshampoo für besonders glänzendes Fell; Bierhefe für das Fell und die Haut; eine Zahnbürste gegen Zahnsteinbildung; passende Zahnpasta in der Geschmacksrichtung Geflügel; Tropfen zur Augenreinigung; Tropfen zur Ohrenreinigung; Kauknochen, die die Zähne pflegen sollen; Bernsteinketten gegen Zeckenbefall; Sprays gegen Flöhe; Desinfektionsmittel zur Wundbehandlung; Beruhigungspheromone gegen Angst bei Feuerwerken an Silvester; Meeresalgenmehl für ein besseres Allgemeinbefinden und, und, und … Ach ja, irgendwo liegt auch noch die Hundejacke gegen Angst mittels spezieller Druckausübung auf Brustkorb und Bauch.

Brauchen Hunde all das wirklich? Oder werden sie hier einfach nur Opfer der Verhätschelungstendenz der meisten Hundebesitzer? Ist der Hund wirklich besser drauf, seit er dieses wahnsinnig teure Öl zu sich nimmt, das man täglich akribisch in seine Frischfleischmahlzeit träufelt? Und wäre der Hund nicht auch 18 Jahre alt geworden, wenn er sein Leben lang nur das billigste Futter gefressen hätte?

Natürlich weiß das keiner. Ebenso wenig wie man weiß, ob Bello nicht als Straßenhund in Spanien ein genauso glückliches Leben geführt hätte wie als 1-Zimmer-Wohnungshund in Dortmund. Jedes Herrchen kann nur nach bestem Wissen und Gewissen handeln. Und da heißt es: Besser zu viel des Guten als zu wenig. Und so ein bisschen Lachsöl hat sicherlich noch keinem Hund geschadet.

Man hat nicht nur *ein* Haustier … Von Zecken, Flöhen und Herbstgrasmilben

Wenn man sich einen Hund anschafft, besitzt man auf einen Schlag nicht nur bloß *ein* Haustier, sondern gelegentlich sogar ganz, ganz viele weitere – und zwar welche, die man sich nicht ausgesucht hat und für die man keine Steuer bezahlt. Der Hund nämlich schleppt mittels Artgenossenkontakt und marodierender Streifzüge durch Gras und Dickicht einige andere Mitbewohner ins eigene Leben, die man nicht nur nicht haben will, sondern von denen man am liebsten nie erfahren hätte, dass sie überhaupt existieren. Es geht um Flöhe, um Zecken, um die gemeine Herbstgrasmilbe, um Würmer und um Milben. Obwohl meist nur der Hund befallen ist, scheinen diese Parasiten seinen Besitzer viel mehr zu stören als den Hund selbst. Aber ein Hund hat ja schließlich auch noch nie einen Floh unterm Vergrößerungsglas gesehen.

Ein Herrchen wäre natürlich kein echtes Herrchen, wenn er sich einfach mit den ungebetenen Gästen arrangieren würde, weil er sich ja nun mal ein Felltier zu Hause hält. Stattdessen arbeitet das verantwortungsbewusste Herrchen im Kampf gegen Parasiten mit einer Reihe teils fragwürdiger Mittelchen, deren Wirksamkeit bisher längst nicht immer bewiesen wurde.

In Sachen Parasitenbekämpfung tritt der Konflikt zwischen Anhängern der Schulmedizin und Anhängern der Homöopathie auf den Plan. Während manche Herrchen und Frauchen sich und ihren Hunden mit Sprays oder Spot-ons mit dem Wirkstoff Fipronil das fiese Getier vom Leib halten, ruft eine andere Fraktion sofort »Chemiekeule« und kommt mit einer Reihe Hausmittelchen um die Ecke. Und das, obwohl diese Herrchen normalerweise nicht zu den Menschen gehören, die sich bei AstroTV blassrosafarbene Kristalle aufschwatzen lassen, die angeblich gegen alles helfen. Deren Hunde bekommen dann Ketten aus Bernstein umgehängt – vorzugsweise kombiniert mit einer Zecken-Plakette aus Metall, die vorgeblich durch bestimmte Magnetfelder die Blutsauger vom Hund abhält. Der Hund wird mit Teebaumöl behandelt oder mit Lavendel. Eukalyptus könnte auch helfen, denn Eukalyptus ist doch irgendwie für alles gut, oder? Das Herrchen verbringt seine Freizeit mit der Herstellung von Anti-Parasit-Sprays auf Basis von Zitronensaft, Chilisamen und Speiseöl. Außerdem bekommt der Hund Knoblauch zu jeder Mahlzeit. Ein ziemlicher Aufwand, den das Schulmedizin-Herrchen ein wenig belächelt, zumal seiner Meinung nach das einzige Ergebnis dieser fragwürdigen Behandlung darin liegt, dass der Hund stinkt, als sei er in Tsatsiki mariniert worden. Das Homöopathie-Herrchen schwört indes, dass es hilft – und sei es nur aus Trotz.

Bevor wir das Scheren für uns entdeckt haben, hatte Emma im Sommer ziemlich langes und dichtes Fell, und sie liebt es, durch hohes Gras zu streifen. Dementsprechend hoch war die

Zeckenanzahl, die sie von März bis Oktober mit sich herum- und in meine Wohnung schleppte. Manchmal wunderte ich mich, dass Emma überhaupt noch Blut im Körper hatte. Mit kurzem Fell sieht es schon besser aus – ganz vermeiden kön- nen wir die Viecher leider dennoch nicht.

Eine gute Sache haben Zecken und Co. immerhin: Sie wirken ziemlich effektiv, wenn man sich endlich abgewöhnen will, den Hund im Bett schlafen zu lassen. Wer einmal eine aufgeplatzte Zecke nebst Blutlache in seinem Bett gefunden hat, wird dem traurigen Blick des Hundes, der ins Bett sprin- gen will, auf einmal viel länger standhalten.

Emmas Alterserscheinungen halten sich bislang in Grenzen.

Der Hund als Partner

Wenn man plötzlich ein Team ist

Es dauert seine Zeit, bis man merkt, dass man sich an den Hund so richtig gewöhnt hat und dass einem etwas fehlt, wenn er nicht da ist. Und obwohl es zwischendurch (gerade in der Anfangszeit) die Momente geben wird, in denen man sich kurz fragt, ob das mit dem Hund wirklich so eine gute Idee war, nehmen die Augenblicke zu, in denen einem plötzlich bewusst wird, dass der Hund viel mehr ist als ein Tier mit Hygieneproblem. Er ist von einem lustigen, tapsigen Pelzknäuel zu einem echten Partner geworden. Zu einem Freund. Zu einem, der in der Lage ist, einem den letzten Nerv zu rauben oder die größte Freude zu schenken. Manchmal sogar beides gleichzeitig.

Selbstverständlich: Man wird nicht automatisch zum Team. Das wird hart erarbeitet. Es ist ein gehöriger Weg, den Herr und Hund miteinander gehen müssen, um dahin zu gelangen. Ein zuweilen steiniger Weg, auf dem man Abstriche macht, Opfer bringt, seinen Alltag neu ausbaldowert, Dinge verteidigt und andere verloren gibt. Man wird sich vielleicht zwischendurch mal verfluchen (etwa wenn der pubertierende Rottweiler den Nachbarspudel geschwängert hat) und diverse Male Schadensbegrenzung betreiben (»Hey, der Pulli sieht doch auch mit zwei schwarzen Pfotenabdrücken ziemlich chic aus!«). Und dann gibt es plötzlich die Augenblicke, in denen man weiß: Jetzt sind wir ein Team! Die Mühen haben sich gelohnt!

Phantomgeräusche

Es war ein harter Tag in der Fußgängerzone am Samstag. Endlich ist man zu Hause, zieht die Schuhe aus und lässt sich erschöpft auf die Couch fallen. Dem Hund geht es ähnlich: Mit einem tiefen, entspannten Brummen läutet er den verdienten Feierabend ein. Man hört, wie er seine Decke drapiert und sich im Korb zusammenrollt. *Das ist wirklich süß*, denkt man. Bis man diese Aussage eine Sekunde später geringfügig abwandelt. Es *ist* nicht süß. Nein, es *wäre* süß – hätte man den Hund nicht gestern übers Wochenende zur Exfrau gebracht. So ist es einfach nur ein bisschen gruselig.

Kennen Sie das Phänomen, das Experten »Ringxiety« nennen? Es ist das »Phantomklingeln« oder »Phantomvibrieren« des Mobiltelefons, das man gelegentlich zu hören oder zu spüren glaubt, obwohl das Handy in Wirklichkeit völlig ton- und regungslos in der Tasche liegt. Ähnliches erlebt man irgendwann auch mit dem Hund: Sie hören ihn am Futternapf Wasser trinken, obwohl er nicht da ist? Sie spüren einen warmen Atem, wenn Sie die Hand vom Bett auf den Boden Richtung Hundekorb gleiten lassen? Sie wundern sich, warum der Hund nicht in der Wohnzimmertür erscheint, obwohl Sie doch eben ganz deutlich seine Schritte im leeren Flur gehört haben? Dann ist es passiert: Ihr Hund ist Ihr Partner! Es fehlt etwas, wenn er nicht da ist.

Die erste erfolgreiche Flucht, bei der beide – Hund und Frauchen – an einem Strang ziehen, ist meistens jene vor den Ordnungsbeamten. Emma trägt oft kein Halsband. Sie ist ein ziemlich freier Hund. Bekanntermaßen befindet sich am Halsband aber ihre Steuermarke, die ich folglich ziemlich selten bei mir habe, wenn wir spazieren gehen. Ein gefundenes Fressen fürs Ordnungsamt.

Die ersten Male sah die Flucht wie folgt aus: Ich sehe zwei streng und wichtig dreinschauende Beamte im Park auf uns zulaufen und rufe sofort so etwas wie »Emma, los!« und renne in die entgegengesetzte Richtung weg – alleine, da ich den Hund ja nun mal nicht einfach an die Leine nehmen kann. Die liegt nämlich friedlich zu Hause auf dem Tisch. Emma hingegen wird durch meinen Befehl überhaupt erst sensibilisiert und denkt in typischer Hundelogik: »Was macht diese beiden Personen am Horizont so interessant, dass ich nicht zu ihnen hin soll?« Ihre Reaktion? Emma rennt ebenfalls los – und zwar mit fröhlichem Gesichtsausdruck direkt den Ordnungsamt-Beamten in die Arme. Wer hingegen ziemlich sauer war, war ich: Weil ich nämlich kleinlaut meinen Hund abholen und Strafe zahlen musste.

Doch irgendwann gibt es immer dieses erste Mal, bei dem der Hund versteht, was das Beste für euch beide ist: die Flucht! Ich rannte wie immer los – und Emma kam mit fliegenden Ohren hinter mir her. Noch bevor uns das Ordnungsamt überhaupt gesehen hatte, waren wir über alle Berge. Es hätte nur gefehlt, dass wir uns hinter der Ecke gehighfivet hätten. Der Hund ist nun der Partner in Crime. Und das im wahrsten Sinne des Wortes.

Die erste Sorge

Wenn man sich das erste Mal ernsthaft um seinen Hund sorgt, merkt man, wie schlimm es wäre, wenn er nicht mehr da wäre. Man spürt, dass dann ein wichtiger Teil des Lebens fehlen würde.

Die erste Sorge kann man in vielen Situationen entwickeln: Es kann der erste Besuch in der Tierklinik sein, der fast immer auf Sonntagnacht fällt. In so einer Situation ist es egal, wenn man drei Stunden mitten in der Nacht im Wartezimmer ausharrt, bis der dehydrierte Hund den Inhalt des Kochsalz-lösungs-Tropfes aufgenommen hat. Auch der Gedanke, dass er vielleicht nur simuliert haben könnte, spielt keine Rolle – nein, man ist einfach nur froh, wenn es ihm wieder gutgeht. Ohne Murren zahlt man auch noch die horrende Summe für Ultraschall und Röntgen, denn man muss ja wirklich ausschließen, dass es etwas Ernstes gewesen ist. Am Ende geht man mit einer Rechnung von stolzen 400 Euro und völlig übermüdet nach Hause. Aber als Team. Und das war wirklich jeden Cent wert.

Wenn etwas plötzlich klappt, wenn es drauf ankommt

Immer, wirklich immer, geht es schief. Im Training zur Begleithundeprüfung liegt der eigene Hund genau fünf Sekunden lang neben den scheinbar zu Stein gewordenen, sphinxhaften Hundekollegen, bevor er aufspringt und entweder schwanzwedelnd seinem Frauchen hinterherdackelt oder aber in eine ganz andere Richtung wegläuft und schnüffelt und dafür auch noch Lob einheimsen will. Dann kommt die Prüfung. Man geht nur hin, weil man sie schon bezahlt hat, und verströmt dabei die Aura eines Zehntklässlers auf dem Weg zur Mathearbeit, obwohl er nicht gelernt hat: mit dem Erwarten einer Fünf als Bestnote.

Doch plötzlich ist alles ganz anders, ohne dass man wüsste, warum. Die Prüfung beginnt, der Hund wird erfolgreich ins »Platz« gelegt – und er bleibt dort liegen, als habe er eine spontane Querschnittslähmung erlitten. Man ist verwundert, dann in leichter Sorge und irgendwann kurz davor, zum Hund hinzurennen und seine Beinreflexe zu testen. Nichts bringt diesen diesmal aus der Ruhe: Die Vögel nicht. Die bellenden Riesenschnauzer nicht. Selbst der Prüfer nicht, der ein Wurstbrot auspackt und beginnt, sein verspätetes Frühstück zu verspeisen. Man wird sich noch lange fragen, was an diesem Tag los war, aber die Vermutung ist: Ein Team weiß nun mal, wann es drauf ankommt.

Eigene Rituale

Eine Freundin isst abends mit ihrem Hund gemeinsam eine Möhre. Der Hund mag Möhren komischerweise nur, wenn sie sie auch isst. Wirft man nur ihm allein eine Möhre hin, lässt er sie ignorant liegen und schaut die Freundin an, als habe sie sich eine riesige Frechheit erlaubt. Eine andere Freundin weiß genau, dass ihr Hund jeden Morgen auf der Badematte sitzt, während sie duscht. Dort wartet er, bis sie fertig ist, und geht dann wieder. Warum er das tut, weiß sie nicht. Und als ich mal den Hund einer Freundin für ein Wochenende in Pflege nahm, bat sie mich peinlich berührt darum, morgens, wenn ich dem Hund das Halsband umschnalle, auf dem Boden zu knien und dem Hund etwa zehn Sekunden lang die Ohren zu kraulen. Beim ersten Mal habe ich es dann zunächst vergessen und wunderte mich, warum der Hund bewegungslos und mit gesenktem Kopf vor mir stehen blieb, nachdem ich ihm das Halsband umgelegt hatte. Dann fiel mir das mit dem Kraulen wieder ein. Der Hund wusste genau, worauf er wartete. Ich tat meine Pflicht, und nach genau zehn Sekunden drehte er sich um und ging.

Solche Rituale machen Hund und Herrchen zum Team. Und obwohl man manchmal behauptet, sie seien in erster Linie für den Hund wichtig, muss man sagen: Sie sind es in Wirklichkeit auch für einen selbst. Und deswegen liebe ich es so, wenn Emma jeden Morgen, wenn ich mir in der Küche einen Kaffee mache, hereinschlurft, routiniert ein Leckerli einfordert und danach wieder zurück in ihren Korb wandert. Würde sie einen Morgen mal nicht dort in der Küche stehen – ich würde mir Sorgen machen. Und die wären wahrscheinlich sogar berechtigt.

Konversation mit dem Hund: Normalität oder schleichender Wahnsinn?

Menschen, die mit sich selbst reden, sind mir tendenziell etwas suspekt. Vielleicht weil bei mir in der Gegend so viele Leute wohnen, die Selbstgespräche führen und tatsächlich auch etwas komisch sind.

Vor einiger Zeit bemerkte ich, dass ich selber zu diesen komischen Menschen gehöre – zumindest in den Augen eines jungen Paares, dem ich im Görlitzer Park in Berlin-Kreuzberg begegnete. Ich lief über die Wiese und quatschte Emma voll, so wie ich es eigentlich immer mache. Ich passierte das junge Paar und murmelte vor mich hin: »Nein, nicht zu den Grillern. Komm, weitergehen. Du hast heute schon gegessen.« Beide sahen mich etwas verstört an, und ich merkte erst in diesem Moment, dass Emma gar nicht mehr an meiner Seite lief, sondern sich natürlich bereits bei den Grillern befand, wo sie in eine fast körperliche Auseinandersetzung um eine Bratwurst verwickelt war. Das Paar hingegen wusste natürlich nicht, dass es Emma überhaupt gab – ziemlich peinlich war mir das. Ob sie wohl dachten, ich sei eine verwirrte Fresssüchtige, die sich durch Autosuggestionsformeln davon abhalten wollte, fremden Menschen ihr Grillgut zu stehlen?

Auch wenn ich viel mit Emma über Gott und die Welt spreche: Die Anzahl der Kommandos, die ich ihr gebe, sind beschränkt. Und eine weitere Besonderheit: Ich sage sie auf Spanisch. Nicht weil ich denke, dass Emma ein besonders intelligenter, bilingualer Hund ist, sondern ganz einfach deswegen, weil ich meine drei gelernten Brocken Spanisch gerne bei irgendjemandem anwenden wollte.

Allerdings wiederholt jeder Hunderatgeber gebetsmühlenartig, man solle nicht zu viel mit seinem Hund sprechen, sondern sich auf ein Minimum beschränken: begeistertes Lob an angebrachter Stelle; klare »Neins« für Verbote und Tabus; ein paar Kommandos. Und man solle bitte nicht dem Irrglauben aufsitzen, ein Hund werde besser auf die Aufforderung achten, weiterzugehen anstatt zu schnüffeln, wenn man noch ein »bitte« oder ein »ach, Mensch …« hintenanhänge.

Und auch wenn der kleine Terrier den Kopf bei jedem Wort, das man an ihn richtet, so schön schieflegt, etwa wenn man ihn fragt, ob er Lust auf einen Spaziergang habe – ist es nicht wahrscheinlicher, dass er sich denkt: »Was zum Teufel haben diese komischen Geräusche aus dem Mund von Frauchen zu bedeuten?«, als dass er denkt: »Du hast so recht, Badesee wäre toll. Und nimm Proviant mit!«

Kaum ein Hundebesitzer hält sich freilich daran, mit Worten zu geizen. Stattdessen führt er mit seinem Hund ausgedehnte Gespräche über das richtige Futter vor dem Fress-Regal (»Das magst du, ne?«), Diskussionen über das Schlafen im Bett (»Wir hatten gesagt, einmal pro Woche!«) oder Streits über die verschiedenen Hobbys (»Komm, ich hab den Ball jetzt 300-mal geworfen, jetzt spiel doch mal mit Hera! Die ist schon ganz traurig«). Die Denkweise, die dem zugrunde liegt, ist klar: Wenn der Hund schon so etwas wie ein Sozialpartner ist, dann bitte auch richtig. Aus Hundesicht übrigens ist das ziemlich unfair, wenn man bedenkt, dass dem Hund seinerseits sofort der Mund verboten wird, wenn er mal engagiert zurückbellt.

Manchmal tut mir Emma leid. Denn ich erzähle ihr eine ganze Menge. Von der Arbeit, aus dem Liebesleben, von Freunden, von der Familie. Emma erträgt es stoisch. Was sie davon hält, weiß ich nicht. Und ich weiß auch gar nicht, was für sie besser wäre: dass sie jedes Wort versteht oder dass sie kein einziges Wort versteht. Lieber ein endloser Wust aus Geschichten oder doch lieber ein wabernder Brei undefinierbarer Laute?

Trotzdem: Würde mir jemand die Möglichkeit verschaffen, dass Emma mal für einen Tag sprechen kann, dann weiß ich nicht, ob ich das wirklich wollen würde. Natürlich würde es mich interessieren, wie Emma die Welt sieht. Ob ich zum Beispiel recht damit habe, dass sie diesen einen Knochen aus dem Bioladen besonders gerne mag. Ob sie wirklich gerne in die Spree springt oder es nur tut, weil kein anderes Gewässer in der Nähe ist. Ob sie wirklich ungern allein zu Hause ist oder ob es für sie viel unangenehmer ist, überall dabei zu sein. Ob sie vielleicht davon träumt, mal in die Berge zu fahren und nicht immer an den Strand. Vielleicht mag sie ja gar keinen Sand – was weiß ich schon?

Trotzdem würde ich das Angebot wohl annehmen. Ich bin einfach zu neugierig. Aber wer weiß, was sie sagen würde. Vielleicht: »Dunja, du hast einen totalen Knall. Und der ganze Wind, den du um mich machst, ist mir total egal. Ich könnte genauso gut woanders wohnen, wo mir jemand morgens die Dosen aufmacht. Und jetzt lass mich bitte weiterschlafen und kümmer dich mal um wichtige Dinge und nicht um mich.«

Man kennt sich halt … Die ganz eigene Kommunikation zwischen Herr und Hund

Irgendwann lebt man mit seinem Hund wie ein altes Ehepaar: Man hat sich eingegroovt, man weiß, wie man tickt, man hat alle Fragen geklärt und alle Kämpfe ausgefochten oder zumindest kapituliert. Wenn man es zehn Jahre lang nicht geschafft hat, dass der Hund an der Straßenkante anhält, wird er es vermutlich auch nicht mehr lernen, und der Besitzer findet sich damit ab. Der Hund schafft es einfach nicht, cool zu bleiben, wenn ein anderer Hund entgegenkommt? Dann nimmt man halt den Umweg durchs Gebüsch. Und auch der Hund macht ja schließlich Kompromisse: Er hat sich an das Laufen an der

Joggingleine gewöhnt und hängt dabei nicht mehr knurrend in der Luft und lässt sich hinterherziehen. Man lässt ihm den Fernseher in der Wohnung an, wenn man geht, dafür bellt er nicht mehr das ganze Haus zusammen. Er harrt auf dem kalten Restaurantboden aus, dafür darf er sich auf Herrchens Füße setzen. Er darf den Joghurtbecher auslecken, nicht aber die Sahne beim Kuchenbacken. Er darf auf die Couch, aber nur, wenn das Herrchen großzügig nickt. Das Ganze gleicht einem sensiblen, ausgefeilten Regelwerk, das genau zwei Lebewesen komplett durchblicken: der Hund und sein Besitzer. Für Eindringlinge ist es sehr schwer, hier durchzusteigen.

Ich erinnere mich, wie beeindruckt ich früher einmal war, als ich bei einer Freundin zu Besuch war, die einen Hund hatte. Der Hund war im Nebenzimmer und fing plötzlich an zu bellen – fortwährend und schrill. Die Freundin ignorierte es. So lange, bis ich fragte, ob der Hund sich vielleicht etwas getan habe. Möglicherweise sei er unter dem Sofa eingequetscht, vielleicht sei ihm ein Buch auf den Kopf gefallen, vielleicht stelle er auch gerade einen Einbrecher, der seelenruhig das Wohnzimmer ausräume. Die Freundin winkte ab und meinte, dieses Bellen stünde in Frequenz und Klang dafür, dass der Hund einen bestimmten Ball haben wolle, den sie aufs Regal gelegt habe, damit er nicht rankommt. Ich ging ins Nebenzimmer und schaute nach. Die Freundin hatte recht: Der Hund saß vor dem Regal und bellte den Ball an.

Mittlerweile kann ich nach zehn Jahren mit Emma über dieses »Anfänger-Kunststück« nur noch müde lächeln. Denn auch wir kennen uns heute in- und auswendig. Ich weiß, wann Emma simuliert und wann sie wirklich mal rausmuss. Ich weiß, wovor sie Angst hat (Durchzug, Arzttisch, Badewanne) und worüber sie sich richtig freut (Schnee, Wasser, Bälle, Leckerchen, Leberwurst). Ich weiß, dass sie über Gitter läuft und die Rolltreppe benutzen kann, aber Aufzüge mit Glasfenstern sind ihr unheimlich. Ich weiß, wie ihr Bellen klingt, wenn sie sich freut, und wie es klingt, wenn sie einen Betrunkenen in die Flucht schlagen will. Ich weiß, dass es sehr wohl ein Problem ist, wenn wir den Ball auf der Wiese vergessen haben, und dass es nichts bringt, wenn man einfach weitergeht, obwohl Emma sich fest vorgenommen hat, noch mal umzukehren und diesen Ball zu holen. Und Emma weiß, dass es nichts bringt, sich morgens schnaufend vor mich zu stellen und mir auf die geschlossenen Augen zu starren, damit ich endlich aufwache. Sie hat das so sehr akzeptiert, dass sie irgendwann sogar selbst zur Langschläferin geworden ist.

Erholung vs. Trennungsschmerz: Urlaub ohne Hund

Das Urlaubsverhalten ändert sich fundamental, wenn man einen Hund hat. Auch wenn man sich mit Absicht für einen Hund entschieden hat, der theoretisch im Flugzeug noch unter »Handgepäck« mitgeführt werden dürfte – man überlegt sich am Ende doch fünfmal, ob man seinem Hund einen Flug nach Mallorca zumuten will, oder ob es noch eine andere Lösung gibt. Ein Gewässer lässt sich schließlich auch ohne Flugreise erreichen. Insofern stehen auf einmal eher »Wandern im Allgäu« oder »Spazieren an der Ostsee« auf dem Programm als »Surfen in Rio«.

Meistens gerät der Hundebesitzer irgendwann an den

Punkt, an dem er entscheidet, dass er nun doch mal wieder eine Fernreise machen möchte. Und insgeheim freut er sich auch auf eine kurze Auszeit von Kotbeuteln und stürmischen Spaziergängen in Gummistiefeln. Als er dann auch noch den passenden Hundesitter gefunden hat, steht dem Erholungsurlaub nichts mehr im Weg. Bei aller Liebe für den Hund – man muss auch mal an sich und seine Liebe zu Südostasien denken. Und auch wenn man das vor dem eigenen Vierbeiner nie zugeben würde: Das Herrchen ist außer sich vor Freude bei der Aussicht auf zwei Wochen ohne nervige Morgenrunden bei Schnee und Glätte; ohne Abendrunden, die keinen Aufschub dulden und winselnd vor der Tür sitzend eingefordert werden, obwohl gerade so ein guter Film läuft; und ohne das vorwurfsvolle Ausatmen des Irish Setters, wenn er bemerkt, dass man sich im Restaurant noch ein zweites Glas Wein bestellt hat, obwohl er doch eigentlich schon durch penetrantes Glotzen verdeutlicht hat, dass er langsam gerne mal gehen möchte.

Und es lässt sich ja auch alles phantastisch an: Man sitzt total relaxt in der Strandbar in Thailand, entspannt bei einem opulenten Cocktail, während der Hund zu Hause bei Freunden oder einem Hundesitter gut aufgehoben ist. Man rechnet sich kurz durch die Zeitumstellung und feixt bei dem Gedanken daran, dass nun in Deutschland gleich der Zeitpunkt kommt, an welchem dem Foxterrier nach 20 Minuten Schlaf meist wieder langweilig wird, und sinkt noch etwas tiefer in die Hängematte. Man muss sich nur zurücklehnen und ziellos aufs Meer gucken und nicht auf einen marodierenden Hund, der gerade irgendwo einen anderen Menschen terrorisiert, ein Buffet leer räumt oder einem verängstigten Kind durchs Gesicht leckt. Ein Traum! Perfekt eigentlich …

Bis man plötzlich einen schwachen Moment hat und – ohne dass man es will – beim Blick aufs Meer denkt: Dem Bello hätte es hier sicher auch gut gefallen.

Und jetzt ist es passiert: Man vermisst den Hund und ist sich auf einmal nicht mehr sicher, ob er es beim Nachbarn wirklich so gut hat. Er kennt ihn doch gar nicht richtig. Und das mit der Morgenrunde ist doch eigentlich egal – man wacht ja schließlich auch hier jeden Morgen um sieben auf und wartet sogar vergeblich darauf, vom Hund geweckt zu werden. Man fragt sich, was der Hund wohl gerade macht. Man rechnet die Zeitumstellung durch, um den Tagesablauf des Hundes wenigstens ein bisschen nachzuvollziehen und das Gefühl zu haben, bei ihm zu sein. Jetzt wacht er wahrscheinlich gerade auf und streckt sich auf diese niedliche Art und Weise, wie nur er sich strecken kann! Ob er schon gefrühstückt hat? Gibt ihm der Nachbar auch genug? Und ob sich die Hundesitter-Freunde daran erinnern, dass er Möhren nur gekocht verträgt? Er ist doch so empfindlich …

Trotzdem sagt der Urlauber nichts. Entweder weil er vor den Urlaubsfreunden nicht zugeben will, dass er es nicht mal zwei Wochen ohne den Hund aushalten kann, oder weil er nicht vor dem Partner einknicken will, der den Eindruck erweckt, ganz hervorragend mit der Abwesenheit des Hundes zurechtzukommen.

Nach drei Tagen schließlich hält es zumindest eine Hälfte des urlaubenden Paares nicht mehr aus und sagt so etwas wie: »Schau mal, der Straßenhund dahinten – erinnert er dich auch an unseren Herkules?« Sobald der Hund ein einziges Mal erwähnt wurde, brechen alle Dämme. Plötzlich denkt man nicht mehr daran, wie entspannt das Leben ohne Hund ist, sondern wie sehr man ihn vermisst. Und wie schön es jetzt mit ihm an der Ostsee wäre. Und außerdem: Wie konnte man nur?! Herkules kennt die Freunde doch kaum! Als ob irgendein dahergelaufener Hundesitter wüsste, dass Herkules im Winter nur gut schläft, wenn man sein Körbchen direkt unter die Heizung schiebt. Und die Freunde halten sich mit Sicherheit nicht an den Befehl, Herkules beim Pfotenabtrocknen vor der Haustür mit Leckerlis abzufüllen, damit es nicht ganz so schlimm für ihn ist.

Beim ersten Urlaub kommt man zu dem Schluss, dass es wirklich egoistisch gewesen ist, den Hund so ganz auf sich gestellt einfach bei Fremden zu lassen. Er wird ausflippen vor Freude, wenn man endlich wieder da ist …!

Ich bin selber viel und oft unterwegs und weiß, dass es für Emma eher eine Quälerei wäre, wenn sie überallhin mitmüsste. Deswegen bin ich froh, dass Emma so einen tollen Hundesitter hat, der eigentlich eher ihr zweites Herrchen ist, auch wenn ich das ungern zugebe. Denn natürlich ist man froh, wenn der Hund Spaß hat, obwohl man nicht da ist. Man will, dass der Hund viel erlebt, dass er draußen ist, dass er rennt, dass er sich freut. Kurz, man will, dass es dem Hund gutgeht. Dass es ihm sehr gutgeht. Aber ist es okay, wenn er sich genauso gut fühlt, wie wenn man selber dabei wäre? »Ja!«, würde man sofort sagen – jedenfalls solange man noch nie erlebt hat, wie schmerzvoll es sein kann, wenn es tatsächlich so ist.

Ich habe es erlebt. Als ich das erste Mal ohne Emma verreiste, freute ich mich total darauf. Emma war bei ihrem Hundesitter Stefan, es war für alles gesorgt, ich konnte beruhigt wegfahren. Ungefähr drei Tage lang hielt diese Freude an. Dann wachte ich morgens im Hotel auf, hatte völlig vergessen, dass ich im Urlaub war, ließ gedankenverloren meine Hand seitlich am Bett herunter und streichelte völlig automatisch ein weiches, seidiges Fell. Bis ich sah, dass es sich dabei nicht um Emmas Fell handelte (natürlich nicht, sie war ja zu Hause geblieben), sondern um einen Langflorteppich. Ab diesem Moment war es vorbei. Ich vermisste Emma ganz schrecklich. Die Momente häuften sich. Mal erschrak ich am Strand, weil Emma nicht da war und ich sie irgendwo vergessen haben musste, mal hörte ich plötzlich ein lautes Phantom-Atmen, obwohl niemand sonst im Raum war. Ich schaute wehmütig allen Straßenhunden hinterher und suchte auf Märkten nach Mitbringseln für Emma.

Nach einer Woche schließlich rief ich bei Stefan an. Ich versuchte mich in einem möglichst beiläufigen Ton, der mir nur mittelmäßig gelang, als ich fragte, wie es Emma ginge und dass ich ja nur mal hören wolle, wie es so läuft. Emma fällt es wahrscheinlich sehr schwer ohne mich, oder? Und wie ist eigentlich das Wetter so in Deutschland? Er könnte ja vielleicht auch mal kurz in meine Wohnung gehen und ein T-Shirt von mir mitnehmen, damit Emma mich nicht zu doll vermisst … Sie ist ja manchmal nicht ganz unkompliziert, und da wollte ich nur mal … Nicht, dass ich mir irgendwie Sorgen mache, *mir* geht es schließlich ganz hervorragend, aber hier stand im balinesischen Dschungel halt zufällig gerade dieses öffentliche Telefon, und da wollte ich halt mal nachfragen …

Kurz: Ich redete mich um Kopf und Kragen.

Und Stefan? Der war ziemlich kurz angebunden und hatte gerade überhaupt keine Zeit, mit mir zu plaudern und detailliert Auskunft zu geben. Er war nämlich mit den Hunden unterwegs. Ich hörte von weitem Emmas fröhliches, aufforderndes Bellen. Scheinbar spielte jemand Ball mit ihr. Außerdem merkte der Hundesitter natürlich sofort, dass es überhaupt keinen wirklichen Grund für meinen Anruf gab außer der Tatsache, dass ich Emma vermisste. Er sagte so etwas wie: »Dunja, deinem Hund geht es ganz hervorragend. Würdest du jetzt bitte einfach deinen Urlaub genießen?« Und ich antwortete so etwas wie: »Das tu ich ja auch! Es geht mir ganz phantastisch hier«, was etwas zu trotzig aus meinem Mund kam.

Dann legten wir auf. Und ich musste vor mir selber zugeben: Ich hatte Angst, dass Emma mich vergessen könnte. Zu Recht, wie sich nur kurze Zeit später herausstellte:

Als ich aus dem Urlaub zurückgekehrt war, fuhr ich nachmittags zum Berliner Grunewald. Dort enden die Auslauf-Runden von Emmas »Zweitbesitzer«, dort stand auch sein VW-Bus. Ich wollte nicht warten, bis Emma zu mir nach Hause gebracht wurde, sondern ich wollte meine Emma sofort zurück. Die Hundegruppe war noch nicht in Sicht. Ich war aufgeregt wie vor einem ersten Date. Oder wie ein Teenager, der seinen Schwarm nach den langen Ferien zum ersten Mal wiedersieht. Dann sah ich Stefan und die Hunde aus der Ferne um die Ecke kommen.

Ich ging Emma entgegen. Ich strahlte. Ich rief sie mit Kosenamen, die ich vorher noch nie benutzt hatte. Emma blickte in meine Richtung und löste sich aus der Gruppe. Sie rannte auf mich zu, im gestreckten Galopp. Sie strahlte auch. Ich kniete mich auf den nasskalten Waldboden und breitete die Arme aus. Nun waren wir nur noch etwa hundert Meter voneinander entfernt. Alles schien plötzlich in Zeitlupe und mit Streichermusik untermalt zu sein. Mir schien es wie einer der schönsten Momente meines Lebens. Von Emma dachte ich das Gleiche.

Dann erreichte sie mich. Emma blieb kurz bei mir stehen und wedelte etwas unmotiviert mit dem Schwanz, dann setzte sie ihren euphorischen Lauf fort, bis sie an ihrem Ziel war.

Schwanzwedelnd blieb sie am VW-Bus stehen und wartete, dass man ihr aufschließen und die Heimfahrt antreten möge.

Ich war entsetzt. Als Stefan mich erreichte, sagte er so etwas wie: »Die freut sich jetzt aufs Fressen zu Hause.« Ich nickte tapfer. Aber ich wusste, sie fremdelt, und zudem zeigt sie mir gerade in aller Deutlichkeit den Mittelfinger.

Ich war wahnsinnig traurig. Und eifersüchtig. Eifersüchtig auf eine Schüssel Pansen mit Gemüse und Reis. Eifersüchtig, weil Stefan offenbar gerade Emmas Held war und Emma ohne mich eine richtig gute Zeit hatte. Gleichzeitig kam ich mir unglaublich egoistisch vor, denn was hatte ich mir denn eigentlich gewünscht? Dass sie zwei Wochen lang leiden würde, weil ich nicht da bin? Dass sie nach zwei Wochen des Dahinvegetierens nun endlich wieder bei jemandem war, der sie ernsthaft mochte? Nein, ich wollte, dass es ihr während der zwei Wochen richtig gutging und sie sich wie zu Hause fühlte. Nun, das war offensichtlich gelungen. Und dafür danke ich Stefan, dem besten Hundesitter der Welt. Jeder sollte einen Stefan haben oder zumindest einen Freundeskreis, der in Hunde-Notsituationen aushilft. Wir haben beides. Ohne wäre sowohl mein Leben als auch das von Emma deutlich komplizierter und spaßfreier.

Dafür habe ich mich mittlerweile daran gewöhnt, dass Emma nicht komplett ausrastet, wenn wir uns ein paar Tage nicht gesehen haben. Ich unterstelle ihr sogar insgeheim, dass das eine Masche ist und ihre Art, mich treulose Tomate mal wieder darauf einzuordnen, dass man so etwas eigentlich nicht macht. Für die ersten Tage bin ich dann erst mal Luft für sie, und wenn Stefan kommt, um sie abzuholen, rastet sie euphorisch aus. Und ist da nicht auch jedes Mal ein süffisanter Seitenblick auf mich dabei, wenn sie das tut? Sie schläft außerdem in einem anderen Zimmer, hört schlecht auf mich, als habe sie alles verlernt, sie schaut arrogant an mir vorbei und legt eine Divenhaftigkeit an den Tag, dass ich mich ein bisschen so fühle, als würde ich mit einer blondierten Liz Taylor zusammenwohnen. Aber so schafft sie es natürlich jedes Mal, dass ich sie mit Fleischwurst und Käsehäppchen besänftige und mir ihre Liebe zurückkaufe.

Der Hund als Beziehungskiller – oder Beziehungsretter …

Hunde können absolute Beziehungskiller sein. Sie bedienen sich dabei verschiedener Methoden. Die beliebteste: Sie liegen einfach bräsig genau in der Mitte des Bettes und unterbinden damit jede Form der Sexualität zwischen zwei Menschen. Die nur geringfügig unaufdringlichere Variante: Sie liegen mit hypnotischem Blick aufs Bett im Körbchen und starren ungeniert, wenn zwei Menschen sich in irgendeiner Form einander annähern oder auch nur daran denken, sich einander annähern zu wollen.

Die deutlich nachhaltigere Anti-Beziehungsarbeit allerdings findet bei Hunden im Bereich der subtileren Manipulation statt. Hunde haben ja prinzipiell großen Einfluss auf ihre Besitzer, und bei vielen Herrchen und Frauchen hat die neue Beziehung kaum eine Chance, solange der Hund sich weigert, den neuen Partner oder die neue Partnerin zu akzeptieren. Denn das Blöde an Hundebesitzern ist, dass sie nur im Doppelpack zu haben sind und dass das Urteil des Hundes wahnsinnig wichtig und ausschlaggebend ist. Denn meist lieben Hundebesitzer ihre Hunde so sehr, dass sie ziemlich schnell zu der Überzeugung kommen, mit dem neuen Freund etwa könne wohl wirklich etwas nicht stimmen, wenn der Hund ihn nicht leiden kann und immer anfängt zu knurren, sobald er sich ihm nähert.

Die längste Beziehung meines Lebens hatte ich bisher mit ... Emma. Kein Wunder also, dass Emma in vielen Dingen Vorrecht vor einem festen Partner oder einer festen Partnerin hat. Sie war schließlich zuerst da. Und wer mit Emma nicht zurechtkommt, kann unmöglich mit mir zurechtkommen.

Nun ist Emma ein sehr freundlicher Hund, der sich eher freut als ärgert, wenn neue Menschen in ihr Leben treten. Ihre kleinen beziehungstechnischen Spleens hat sie aber trotzdem. Emma kann es zum Beispiel nicht leiden, wenn ich jemanden umarme oder gar küsse. Sie springt dann an mir hoch und versucht dazwischenzugehen. Ein Hundeexperte hat mir einmal gesagt, dass dieses Gehabe rein gar nichts mit Eifersucht zu tun habe, sondern dass es sich dabei um reines Kontrollverhalten handele. Ich glaube das nicht. Für mich ist es ein ganz klarer Test von Emma, um zu sehen: Wie reagiert mein Kusspartner, wenn das passiert? Amüsiert oder sauer? Genervt oder entzückt? Und an dieser Reaktion lässt sich schon mal ziemlich gut ablesen, mit was für einer Person Emma und ich es zu tun haben.

Aber Emma eignet sich auch als Beziehungsretter. Wenn es nämlich mal zu einem lauteren Streit kommt, rennt sie plötzlich von einem zum anderen, fast so, als wolle sie zwischen den Parteien vermitteln und sagen: »Hey, vertragt euch wieder, ist doch alles halb so wild.« Wenn das nicht hilft, fängt sie an zu zittern. Und sobald man dann – eigentlich nur aus Rücksicht auf Emma – leiser und bedachter miteinander spricht, merkt man, dass spätestens jetzt auch das eigene Gemüt sich wieder beruhigt.

Ich bin ein großer Hundefan. Und es fällt mir daher wahnsinnig schwer, zu akzeptieren, wenn andere Menschen keine Hunde mögen – ja, es ist mir richtiggehend suspekt. Ich schätze, es ist nicht einfach, mit einem Herrchen oder Frauchen zusammen zu sein, wenn man selber Hunde eher eklig findet oder gar Angst vor ihnen hat. Für mich wiederum käme jemand, der mit Hunden nicht kann, niemals in Frage, denn Emma ist ein wichtiger Teil von mir. Wer sie nicht mag, kann auch mich nicht richtig mögen.

Auch wenn ich bislang Glück hatte und alle Menschen, mit denen ich zusammen war, Emma sehr gernhatten, so habe ich die Geduld dieser Menschen doch wahrscheinlich ziemlich oft auf eine harte Probe gestellt. Denn ich finde Emmas Affentanz, den sie veranstaltet, wenn ich jemanden küsse, fast immer süßer als der Kusspartner.

Emmas Wohl ist mir manchmal fast wichtiger als mein eigenes. Es kann passieren, dass ich statt des spontanen Kinobesuchs lieber vorschlage, zu Hause vor dem Fernseher zu bleiben, damit Emma nicht allein ist. Wenn jemand mich fragt, ob wir mal zu zweit spazieren gehen wollen, verstehe ich nicht, wo dabei der Sinn sein sollte, denn jeder Spaziergang ist doch viel schöner, wenn Emma dabei ist. Selbstkritisch muss ich anmerken, dass ich wahrscheinlich nicht mal merke, dass ich dann den ganzen Spaziergang hindurch dreckige Bälle werfe oder Wettrennen mit Emma mache, anstatt mich um meine Verabredung zu kümmern.

Der größte Beziehungskiller wäre es natürlich, wenn jemand mich vor die Wahl stellen würde: Er oder der Hund. Denn meine Antwort auf diese unkluge Frage dürfte klar sein.

Wie der Hund einen verändert –
auch wenn man irgendwann wieder ohne
ihn durchs Leben zieht

Man kennt es von Freunden, die schon ihr Leben lang Hunde haben und hatten: Bei der zweiten Flasche Wein beim Abendessen kommt Rührseligkeit auf, und irgendwann hat der Gastgeber eine große Fotokiste auf dem Schoß. Aus jener zieht er dann nicht unbedingt die Bilder von Kindern, Eltern oder verflossenen Liebschaften, sondern vom verstorbenen Irish Setter, vom Familiendackel aus der Kindheit oder vom Alles-durcheinander-Mix mit den lustigen Fledermausohren, den man damals aus dem Griechenland-Urlaub mitgebracht und der ein biblisches Alter erreicht hat. Das ehemalige Herrchen oder Frauchen sitzt mit feuchten Augen und betont immer wieder, was für ein unglaublich besonderer Hund das doch gewesen sei. Man kann sich an alles erinnern. Manches davon war in Wirklichkeit bestimmt ein bisschen anders, als man es nun vor sich sieht, und vielleicht war auch nicht immer alles ganz so schön. Trotzdem: Man erinnert sich an seinen Hund, als sei er gestern noch hier gewesen. Auch wenn mittlerweile ein anderer Vierbeiner im Haus wohnt.

Die Gastgeber sprechen von dieser besonderen Art, wie der Hund geschlafen hat – mit diesem völligen Kontrollverlust über die eigenen Gliedmaßen. Wie er seine Kreise über die Hundewiese gezogen hat, so schnell, dass alle gedacht haben, er müsse acht Beine haben. Nie gab es einen anderen Hund, der ihn einholen konnte, so schnell war er. Und wie dieser Hund fressen konnte. Er hat überhaupt nie irgendwas gekaut.

Er konnte den Postboten sehr gut leiden, dafür den Nachbarn nicht. Er hatte Angst vor Treppen, vor dem Sprung in den Kofferraum und vor dem Geräusch klappernder Kochtöpfe. Er liebte das Schlafen in gepackten Koffern, die alten Hausschuhe vom Herrchen und Appenzeller.

Der Rest der Gäste hört zu. Anfangs empathisch nickend. Dann immer noch nickend, aber schon etwas abgelenkt. Irgendwann gähnt einer mit geschlossenem Mund, und wenig später grätscht jemand mit einem »Apropos Boxer! Habt ihr schon das Neueste von den Klitschkos gehört …?« hinein. Nun ist es vorbei. Die Gäste wenden sich dankbar dem neuen Thema zu, während man vor der Fotoschachtel sitzt und auf das verblichene Foto des gestromten Boxers mit der immer etwas heraushängenden Zunge schaut. Und man darf es den Gästen nicht übelnehmen. Denn das Motiv auf den Bildern ist für diese nur ein Hund. Nicht ihr Hund, sondern irgendein Hund.

Für Sie ist er etwas komplett anderes. Denn der Hund gehört zu Ihrer Geschichte. Und auch wenn andere Menschen Ihren Hund gernhaben, ihn lustig finden, schwierig, nervig oder freundlich – Sie werden immer der Einzige sein, der wirklich weiß, wie dieser Hund tickt. Sie wissen, wie klein der Apfel geschnitten werden muss, damit er ihn isst, Sie wissen, wie man den Hund hochheben muss, damit er nicht schnappt, Sie wissen, wie man ihn an Silvester beruhigt, wenn überall die Böller hochgehen. Sie wissen, welches Spielzeug ihn auch bei übelster Laune motiviert, welchen entgegenkommenden anderen Hund er hasst und welchen er liebt.

Ob Emma mich zu einem besseren Menschen gemacht hat? Ich weiß es nicht. Aber sie hat mich immerhin zu einem *anderen* Menschen gemacht. Seit ich sie habe, fühle ich mich ausgeglichener. Ich bin geordneter als vorher, organisierter. Durch Emma habe ich mehr Verantwortungsbewusstsein bekommen. Niemand entspannt mich so sehr wie sie, niemand löst einen derartigen Beschützerinstinkt in mir aus, niemand überrascht mich so, wie sie es tut. Es hat etwas von bedingungsloser Liebe. Und fairerweise muss man auch betonen: Niemand nervt mich so sehr wie sie. Niemand verursacht so oft Augenrollen bei mir, niemanden habe ich so oft auf den Mond schießen wollen. Wie das halt so ist in einer funktionierenden, langjährigen Partnerschaft.

Wenn ich auf der Straße gefragt werde, wie alt Emma sei, und die Leute verwundert schauen, wenn ich antworte, dass sie zehn wird, bin ich oft ebenso verwundert. Nicht nur, weil ich selbst finde, dass Emma sich ziemlich gut gehalten hat, sondern auch, weil mir in diesem Moment bewusst wird, das die Geschichte mit Emma und mir nun schon zehn Jahre dauert. All die Jahre war dieser Hund an meiner Seite. Und ich bin gespannt auf die Jahre, die uns beiden noch bevorstehen.

Wenn Menschen mich fragen, wer die wichtigste Person in meinem Leben ist, antworte ich: »Emma.« Ohne zu zögern. Denn als Mensch ist sie für mich unersetzlich. Und wenn einige Leute daraufhin ein bisschen komisch gucken, ist mir das völlig egal. So egal, wie es Emma ist, die auf dem Boden liegt, schläft und höchstens mal unmotiviert mit dem Schwanz wedelt. Auch das habe ich in den letzten zehn Jahren gelernt: Gelassenheit. Denn darin ist Emma ein Meister.

Hundebesitzer sind die beklopteste Parallelgesellschaft der Welt. Weil sie mit Gummihühnern an einer Schnur johlend durch den Wald springen. Weil sie ihre Freizeit einem Tier opfern, bei dem sie nie sicher sein können, ob das Interesse wirklich beidseitig ist. Weil sie in der Lage sind, einen ganzen

Abend lang über die Zubereitung von Pansen und Blättermagen zu sprechen, als handele es sich um Trüffel und Kaviar. Weil es ihnen absolut nicht peinlich ist, auf offener Straße mit einem Felltier das Weltgeschehen auszudiskutieren. Weil sie Hunden die Namen römischer Feldherren geben. Weil sie in Wahrheit immer noch nicht verstanden haben, warum das Kind auf dem Spielplatz spielen darf, aber nicht der Hund. Weil sie ein Leben zwischen Haaren, Schmutz und Zecken in Kauf nehmen, nur damit sie nicht auf das euphorische Schwanzwedeln dieses komischen Mopses mit Überbiss verzichten müssen, dessen Charme sonst niemand nachvollziehen kann. Weil sie so oft nur ein Thema haben: den Hund.

Warum machen die das alles? Weil sie kein Leben haben? Die Antwort ist leicht: Sie machen es, *eben weil* sie ein Leben haben. Eines, das durch einen Hund so viel bunter, so viel absurder und so viel spannender geworden ist. Oder hätten Sie sich ohne Ihren Hund schon mal unverhofft auf eine Weide mit einer Herde geschlechtsreifer Jungbullen verirrt? Ich jedenfalls nicht. Zur Information: »Die wollen nur spielen« ist an dieser Stelle wirklich mal eine Lüge ...

Wir sind ein Team.

Epilog

Es wird nie wieder einen Hund wie Emma geben. Das hört sich pathetischer an, als es gemeint ist. Denn es wird schließlich auch nie wieder einen Hund geben wie den gemeinen Husky aus dem ersten Stock und nie wieder einen wie den uncharismatischen Labradormischling von gegenüber. Das ist ja das Besondere daran: Der Hund ist eben nur für denjenigen in nostalgischem Sinne einzigartig, zu dem er gehört. Das sollte hoffnungsvoll stimmen. Denn wahrscheinlich gibt es ein Leben nach dem eigenen ersten Hund. Und vielleicht gibt es sogar einen anderen Hund. Keinen miesen Ersatz, sondern einen, der eine ganz neue Geschichte ins Leben bringt. Der Silvesterböllern hinterherjagt, anstatt sich vor ihnen in den Ofen zu flüchten. Der immer ins Bett will anstatt stets seine Ruhe. Der jeden Knochen liegen lässt, aber für Erdbeerjoghurt töten würde. Wahrscheinlich ist das so. Ob es so ist, will ich trotzdem nicht wissen.

Denn seitdem ich Emma habe, spreche ich von ihr als den »undieable dog«. Ich weiß zwar nicht mal, ob dieses Wort auf Englisch überhaupt existiert, aber das spielt keine Rolle. Emma ist für mich unsterblich. Und das sage ich ihr jeden Tag, seit sie bei mir ist – seit nunmehr zehn Jahren. Es ist ausgeschlossen, dass sie nicht mehr da ist.

Natürlich weiß ich, dass Emma zehn Jahre alt ist. Natürlich ist mir bewusst, dass die meisten großen Hunde nicht unbedingt 18 Jahre alt werden. Und natürlich merke ich manchmal, dass Emma nun langsam etwas ruhiger wird, ein bisschen gemächlicher, ein wenig schneller außer Atem. Sie lässt nun auch mal ein Kaninchen beim Jagen aus (oder tut einfach so, als hätte sie es nicht gesehen), und wenn der Spaziergang mal nur eine halbe Stunde dauert anstatt zwei, ist sie damit auch einverstanden. Ich sehe, dass Emma *älter* wird. Ich merke allerdings nicht, dass sie *alt* wird.

Als es eine Zeitlang unklar war, ob Emma eventuell eine schwere Herzkrankheit haben könnte, kam mein über die Jahre gehegtes und gepflegtes Selbstschutzkonzept vom »undieable dog« für kurze Zeit ins Wanken. Denn die Vorstellung, dass Emma so plötzlich nicht mehr da sein könnte, traf mich unvorbereitet und mit der Wucht eines XXL-Wurfballs auf der Hundewiese.

Was folgte, war große Ratlosigkeit: Was zum Teufel soll ich denn bitte ohne Emma machen? Ohne meine Vertraute, die mich nun schon so lange begleitet? Die Antwort darauf habe ich bis heute nicht gefunden. Denn ich habe, nachdem die Ärzte Entwarnung gegeben hatten und klar war, dass mit Emma alles in Ordnung ist, den Gedanken sofort wieder beiseitegeschoben.

Ich ersticke jedes Gespräch über dieses Thema. Ich bremse jeden, der anfängt, darüber zu reden. Doch in meinem Kopf kann ich den Gedanken an den Tag X nicht löschen. Immer wenn Emma ganz ruhig und unbeweglich auf der Seite liegt und ganz langsam atmet, denke ich daran. Was zur Folge hat, dass ich Emma sofort ärgern und aufwecken muss, damit sie mit mir spielt und ich das Bewusstsein ihrer Sterblichkeit sofort wieder verdrängen kann.

Dieses Verdrängen hilft – und mir scheint, ich bin als Frauchen auch mit dieser Einstellung nicht allein. Hundebesitzer

– so viel dürfte mittlerweile klar sein – sind nun mal eine ziemlich irrationale Spezies. Und da ist es nur konsequent, dass sie davon ausgehen, dass der eigene Hund für immer da ist, selbst wenn er nur noch einen Zahn hat oder gegen jedes Möbelstück läuft oder jeden zweiten Tag einer Häschen-Spur über die Straße nachjagt und es an ein Wunder grenzt, dass er überhaupt noch lebt.

Ja, sie sind immer da. Wenn auch nicht mehr im Schlammloch neben der Hundewiese oder mitten im frisch gemachten Daunenbett, dann zumindest irgendwo anders. Irgendwo sitzt vielleicht der Golden Retriever, in einem nicht enden wollenden Haufen Ochsenziemer, und schaut einem zu. Und daneben der Jack-Russell-Terrier, umgeben von vollelektronischen Ballwurfmaschinen, die einen Ball nach dem nächsten abfeuern, 24 Stunden am Tag und an sieben Tagen die Woche. Eine Wolke dahinter der Australian Shepherd, der den ganzen Tag damit beschäftigt ist, alle Schäfchenwolken zusammenzuhalten.

Und wer weiß? Vielleicht ist es ja sogar wirklich so. Es wäre nicht das erste Mal, dass die Hunde uns überraschen.

JANA THIELE
Wander Woman
EINE COUCH-POTATO HAT RÜCKEN UND LERNT LAUFEN

Klappenbroschur
€ 14,99 [D], € 15,50 [A], sFr 20,90
ISBN: 978-3-86493-008-9

Vom Rückenfrust zu Wanderlust

Jana Thiele verbringt die meiste Zeit im Sitzen. Und dann das: Rücken. Ein Bandscheibenvorfall legt sie lahm. Erst die verordnete Bewegungslosigkeit weckt in der Couch-Potato den unbändigen Wunsch zu wandern: Sie träumt vom Himalaya. Und reist in den Harz um Laufen zu lernen. Leider ist sie nicht allein mit ihrem Wunsch. Outdoor, also draußen, wimmelt es nur so von hochgerüsteten Wanderern. Aber auch fanatische Hobby-Botaniker, Busladungen von stramm marschierenden Frührentnern oder der legendäre Brocken-Benno können Wander Woman nicht aufhalten. Mit Nordic-Walking-Stöcken und jeder Menge Power-Riegeln bewaffnet, erkämpft sie sich die Kilometer.

ullstein extra